微通道纳米流体多物理场数值模拟研究

李 浩 高振军 李文杨 著

江苏大学出版社
JIANGSU UNIVERSITY PRESS
镇 江

图书在版编目(CIP)数据

微通道纳米流体多物理场数值模拟研究 / 李浩，高振军，李文杨著. — 镇江 ：江苏大学出版社，2023.12
ISBN 978-7-5684-2117-1

Ⅰ. ①微… Ⅱ. ①李… ②高… ③李… Ⅲ. ①纳米材料-热传导-数值模拟-研究 Ⅳ. ①TB383

中国国家版本馆 CIP 数据核字(2023)第 234084 号

微通道纳米流体多物理场数值模拟研究
Weitongdao Nami Liuti Duo Wuli Chang Shuzhi Moni Yanjiu

著　　者/李　浩　高振军　李文杨
责任编辑/郑晨晖
出版发行/江苏大学出版社
地　　址/江苏省镇江市京口区学府路 301 号(邮编：212013)
电　　话/0511-84446464(传真)
网　　址/http://press.ujs.edu.cn
排　　版/镇江市江东印刷有限责任公司
印　　刷/广东虎彩云印刷有限公司
开　　本/718 mm×1 000 mm　1/16
印　　张/8.75
字　　数/141 千字
版　　次/2023 年 12 月第 1 版
印　　次/2023 年 12 月第 1 次印刷
书　　号/ISBN 978-7-5684-2117-1
定　　价/39.00 元

前　言

纳米流体是一种新型传热工质，近年来成为国内外研究的热点。相较于传统传热工质，纳米流体具有出色的导热性能。在基液（水、油和醇类等）中添加高热导率的固体金属纳米颗粒、金属氧化物纳米颗粒以及聚合物纳米颗粒，所获得的混合溶液具有远大于基液的热导率。而磁纳米流体作为纳米流体的一种特殊形式，既具有类似于其他磁性材料的磁性能，又具有类似于其他流体的流动性。这种独特的特性使得通过应用磁场来控制流体流动、传热和粒子的运动成为可能。因此，磁纳米流体作为一种高效传热介质，在生物、电子和换热工程等领域具有巨大的应用潜力。本书以微通道模型为研究对象，建立微通道内热磁流体动力学模型，探究磁场位置强度、磁纳米颗粒体积分数、磁场排布方式等因素对微通道内对流换热特性的影响，为后续的研究和应用提供一定的参考。

在微通道和纳米流体换热方面，已有众多国内外学者对其进行了大量研究，技术较为成熟。近年来，又涌现出较多利用试验和数值计算方法对磁场与磁纳米流体耦合换热方面展开研究。本书内容是在前人研究的基础上开展的研究。

本书共6章,第1章简要介绍了磁纳米流体的研究现状;第2章介绍了磁纳米流体动力学控制方程及数值计算;第3章介绍了模型验证及热效率分析;第4章分析了磁场条件下微通道内磁纳米流体的传热特性;第5章探究了不同磁场布置下微通道内磁纳米流体的流动传热特性;第6章为结论和展望。

由于作者水平有限,书中难免存在疏漏之处,恳请广大读者批评指正。

目　录

第1章　绪论

1.1　研究背景及意义

电子设备在工作过程中会不可避免地产生大量的热量，如果不能及时有效地散热，将会影响设备的性能和可靠性。随着现代技术的发展，许多微系统的热流不断增加，而这些系统（如微电子系统、光伏系统和核能系统）的功率几乎每3~5年翻一番，这对换热器的换热效率提出新的挑战[1]。因此，提高换热效率成为强化传热领域的重要研究方向。

一般来说，转化传热技术主要有两种类型：主动强化技术和被动强化技术[2,3]。被动强化技术包括表面特殊处理法、粗糙表面法、扩展表面法和扰动流体等，它们不需要任何直接的外力来强化传热效果。而主动强化技术则利用外力（如使用射流、超声波增强过程、电场和磁场）驱动来强化传热效果。起初，为应对热管理的挑战，人们通过不断减小换热器的尺寸，扩展和修饰微通道表面，最大限度地提高换热设备的换热效率。但现在，设备小型化、表面扩展和修饰技术被认为已经达到了其阈值，且在微通道中利用表面扩展等技术的工艺实施十分困难。在换热冷却领域，液体是最常用的换热介质，然而，由于液体的比热容和导热系数较小，特别是在微通道中低雷诺数条件下，这些液体介质带来的换热效果可能会变得微乎其微。这个问题在具有高热通量和热流密度的高功率设备中可能更加明显。因此，提高液体导热率和对流传热效率是解决该问题的有效方案[4]。近年来,不少学者在微通道换热领域利用“纳米流体”技术进一步提高了混合物的导热性,进而增强其换热效率。大量的研究已证明,纳米流体的应用可在常规单一换热液体的基础上大大提高换热效率。

本书在上述研究基础上,将磁场、感应电场与磁纳米流体相互耦合,实现了主动强热技术与被动强热技术的融合。该方法既针对性地利用磁纳米流体提高了微通道内流体介质的导热系数,又有效实现了主动强热技术与被动强热技术的协同强化效果,可有效提高微通道内的换热效率。

因此,本书通过探究磁场及磁纳米流体的各种因素在微通道内产生的传热特性和不同磁场布置方案的详细分析,对微通道结构的强化传热问题提出了一种新的解决方案,对热磁流体动力学技术未来在微电子设备和微流控领域的应用具有重要意义。

1.2 纳米流体的研究现状

“纳米流体”一词最早由 Chol 等[5]提出,纳米流体的研究被认为是热工领域的一项重大进展,已被大量研究证明其传热性能明显优于纯液体,并在多种换热场合及换热尺度的强化传热传质中得到了广泛应用。在实际应用过程中,往往基于纳米流体的稳定性、黏度、体积分数以及纳米流体的热物理性质等因素综合考虑,以达到不同的传热效果。

1.2.1 主要性能参数

1. 稳定性

纳米流体的稳定性在实际应用中至关重要,不稳定纳米流体中纳米颗粒的团聚沉降不仅阻塞了微通道,而且降低了纳米流体的导热率,导致其热物理性质随时间的变化而变化[6,7]。在增强纳米流体稳定性的各种方法中,添加表面活性剂(如SDS,即十二烷基硫酸钠)引起表面活性剂包覆的纳米颗粒之间的静电斥力,削弱颗粒间的范德华力[8],可以有效地使纳米颗粒均匀分散到基液中,显著降低颗粒间的团聚。同时,不少学者认为纳米流体的稳定性与其制备方式密切相关。目前,纳米流体的制备主要有两种方法:一步法和两步法。两步法主要利用超声波振动器或高剪切混合装置作为主流体搅拌纳米机,将制备好的纳米粉体分散到介质中。而一步法是在两步法的基础上将纳米颗粒的制备与纳米流体的合成相结合,直接采用物理气相沉积(PVD)技术或液体化学方法制备纳米颗粒[9]。Witharana等[10]研究了用两步法制备的二氧化钛纳米颗粒的结构稳定性,研究了纳米流体的剪切稳定性与温度、颗粒载荷和剪切速率的关系。而目前大多研究人员更倾向于采用一步法制备纳米流体[11-14]。该方法避免了干燥、储存、运输和纳米颗粒分散,以减少纳米颗粒的团聚,增加流体的稳定性。该方法可制备均匀分散的纳米颗粒,并能稳定地悬浮在流体中。

现有的纳米流体稳定性评价指标中,沉降法是评价纳米流体稳定性的最直接、最广泛的方法[15,16]。当纳米流体作为一个单一实体保持相当长的一段时间(即通常从制备日期起连续三个月或更长时间)时,它被认为是稳定的[17]。

2. *黏度*

纳米流体的黏度直接影响强迫对流过程中的压降,是实际应用中重要的热物理参数之一,纳米流体的实际黏度也取决于颗粒体积分数、颗粒大小、温度和聚类的程度[18]。一般来说,在基流体中添加纳米颗粒来增加黏度的方法可以较显著地提升传热效果。Kakac等[19]和Sundar等[20]在他们的综述中总结了经验黏度的相关性,提出并讨论了不同纳米颗粒和基流体的黏度相关性。Sundar等[21]制备了磁性镍/水纳米流体,实验确定了纳米流体的导热系数和绝对黏度随颗粒浓度和温度的变化规律,他们发现镍纳米流体的绝对黏度随颗粒浓度的增大而增大,随温度的升高而减小。Saleh 等[22]测量了二氧化钛纳米流体的黏度,并表明相对黏度随着纳米颗粒体积分数的增大而增大。然而,他们得出的结论是,在这种情况下,纳米流体的黏度与温度无关。

3. 体积分数

纳米流体体积分数被定义为纳米颗粒体积与基流体体积之比,它可以作为纳米流体最重要的参数之一。固体颗粒比液体具有更大的导热系数,因此随着纳米颗粒比例的增大,整个混合物的导热系数也会增大。

Azmi 等[23]在雷诺数为 5×10^3 ~ 2.7×10^4 的范围内,测定了管状湍流中二氧化硅纳米流体的对流传热系数和摩擦因子。结果发现,对流传热系数随着体积分数的增大而增大,当体积分数达到 3.0%后对流传热系数逐渐减小。Mahian 等[24]对悬浮在水中的二氧化硅纳米颗粒进行了实验和理论研究。他们发现,在瑞利数为 10^5 和 10^6 时,平均努塞尔数随着纳米流体浓度的增大而减小。他们认为,随着纳米流体浓度的增大,导热系数和黏度的增大导致了平均努塞尔数的减小。Moraveji 等[25]使用计算流体力学工具模拟了恒定热流量管道发展区对纳米流体流动的对流传热效应。结果显示,雷诺数的范围为 500 ~ 2 500,纳米颗粒浓度范围为 0~6%,纳米颗粒直径为 45 nm 和 150 nm。传热系数随着纳米颗粒浓度和雷诺数的增大而增大,并随着轴向位置和纳米颗粒直径的增大而减小。Kalteh 等[26]对等温加热微通道内的层流强制对流传热进行了数值研究,发现雷诺数和纳米颗粒浓度越大,粒径越小,传热增强效果越好,同时压降略有增加。Hussein 等[27]研究了二氧化钛和二氧化硅悬浮液在汽车冷却系统扁平铜管内的强制对流传热增强效果,发现传热增强效果与纳米颗粒浓度具有显著相关性,体积分数分别为 11%和 22.5%的二氧化钛纳米流体和二氧化硅纳米流体产生的传热增强效果最好。

1.2.2 增强机制

Keblinski 等[28]提出了三种对纳米流体强化传热的重要机制，即布朗运动、热电泳和粒子迁移，讨论了不同机制对有效导热系数(k_{eff})产生的影响机理。在一些试验研究中，Wen 等[29]和 Hwang 等[30]研究了层流状态下粒子迁移主导的传热性增强，以及粒子迁移对层流区纳米流体对流传热的影响。考虑到黏度梯度、剪切速率和布朗运动(粒子的随机运动)机制引起的粒子迁移，他们还研究了管道截面上的颗粒浓度的高不均匀性。通过分析，Bahiraei 等[31]证明了与布朗运动和热泳相关的粒子通量分别为 10^{-10} 次和 10^{-8} 次。因此，我们可以认为热泳比布朗运动对粒子迁移的影响更大，且不容忽视。Sohn 和 Kihm[32]证实了热泳和布朗运动是粒子迁移的最重要机制的有效作用，热泳使浓度分布更加不均匀，降低了管壁附近的浓度，改变了纳米流体的空间有效热物理性质，特别是热导率和黏度，靠近壁面的有效黏度减小会导致边界层变薄，从而增大靠近壁面的纳米流体速度。此外，纳米颗粒的迁移可能会影响边界层的发展，从而影响纳米流体的流动和对流传热系数。Haddad 等[33]研究了使用氧化铜/水纳米流体在不同瑞利数和不同纳米颗粒体积分数下的瑞利-贝纳德问题。他们考虑了布朗运动效应和热泳效应的作用，并与忽略这两种效应的情况进行了比较。结果表明，布朗运动效应和热泳效应的存在形成较高的传热效率，而若忽略热泳和布朗运动的作用，则发现传热过程出现恶化。

1.3 磁纳米流体的研究现状

1.3.1 概述

磁纳米流体(magnetic nanofluid,MNF)或铁磁流体实际上是一种特殊类型的纳米流体,含有磁纳米颗粒,如 $CoFe_2O_4$、$\gamma-Fe_2O_3$、Fe_3O_4、Fe、CO 和 FeC,它们的平均直径为 3~15 nm。这些颗粒不断地分散在基本流体中,如水、油、醇类等。它们除了改善流体的热性能外,还既具有类似于其他磁性材料的磁性能,又具有类似于其他流体的流动性。这使得通过应用磁场来控制流体流动、传热和粒子的运动成为可能,因此,在生物、电子和换热工程[34-36]等领域,磁纳米流体具有巨大的应用潜力。不少学者已经研究了纳米流体在磁场影响下的行为,证明了磁场会影响流体动力学和传热性[37-40]。最常见的磁流体是铁磁流体和顺磁性溶液。在铁磁流体中,颗粒的直径可以在 10~50 nm 之间变化,这些颗粒通常由磁铁矿或铁氧体制成。需要注意的是,这些颗粒不能太小,因为当颗粒直径小于 1 nm 或 2 nm 时,它们的磁性特性往往会消失。

1.3.2 无磁场条件下磁纳米流体的研究现状

对无磁场条件下磁纳米流体导热系数的试验研究表明,导热系数主要受磁纳米颗粒的体积分数、颗粒尺寸、种类、工作温度、颗粒涂层等因素的影响。Abareshi 等[41]研究了水基磁铁矿纳米流体的导热系数在不同温度下与颗粒体积分数的关系。热导率随颗粒体积分数和温度的增大而增大。在 40 ℃下,当颗粒体积分数为 3%时,观察到的最高热导率为 11.5%。

Li 等[42]研究了颗粒体积分数、表面活性剂和磁场对水基铁磁纳米流体输运性能的影响。他们观察到，无论有无外加磁场，MNF 的导热系数都随粒子体积分数的增大而增大。研究结果还表明，MNF 的黏度随颗粒体积分数的增大而增加。Yu 等[43]研究了颗粒体积分数对相转移法制备的煤油基四氧化三铁磁纳米流体热导率的影响。热导率随体积分数和温度的增大而线性增大，当体积分数为 1%时其热导率提高 34.0%。Philip 等[44]对磁铁矿纳米颗粒分别在水、乙二醇和煤油中分散制备的 MNF 的导热系数进行了研究。结果表明，热导率随颗粒体积分数的增大而增大，但在体积分数小于 1.7%时，MNF 的热导率没有增大。线性区域的斜率为 0.035，当体积分数达到 7.8%时，观察到的最大热导率为 23%。Hong 等[45]研究了乙二醇铁基磁纳米流体的导热性。他们发现，热导率随体积分数的增大而非线性增大。对比分散在乙二醇中的铜和铁纳米颗粒发现，铁基纳米流体导热性的提高效果要优于铜基纳米流体。热导率增大是由于纳米颗粒在具有较大体积分数的流体中以较高的速率形成的团簇具有极高的导热性能。

1.3.3　磁场条件下磁纳米流体的研究现状

1. 试验研究

Lajvardi 等[46]通过在铁磁流体上施加垂直均匀磁场，发现传热效果有所改善。他们将这种改善归因于铁磁流体性质的变化，包括聚集和固体体积分数的变化。Azizian 等[47]利用试验方法研究了外磁场对层流对流传热的影响。试验结果表明，局部传热系数显著增大（高达 300%）。他们还通过 COMSOL 软件构建了多物理场数值模型，结果表明 Fe_3O_4 粒子在磁体附近的积累是传热性增强的主要原因。Li 等[48]试验研究了磁纳米流体的对流传热特性。结果表明，磁场对磁纳米流体对流传热有显著影响，利用外部磁场可以控制传热过程。Goharkhah

等[49]试验研究了在不同雷诺数（$Re=200,1\ 200$）和浓度（1%，1.5%，2%）条件下，在磁场强度和对流传热频率等因素的影响下，$Fe_3O_4-H_2O$纳米流体在外磁场作用下的对流传热。他们观察到，在雷诺数不变时，热传递性能随磁场强度的增大而增强。结果表明，使用 $Fe_3O_4-H_2O$ 的传热效果提高了 16.4%。在应用恒定磁场和交变磁场时，传热效果分别增强到 24.9%和 37.3%。Motozawa 等[50]试验发现当温度梯度垂直于磁场时，磁性粒子会沿磁场方向形成链状团簇，同时，随着温度梯度方向上剪切速率的增大，速度边界层和热边界层靠近壁面，比没有磁场时更薄。这证明由于磁场的作用，磁纳米流体的传热效果增强。

Parekh 和 Lee[51]在油气中合成了两种不同的 MNF，分别是磁铁矿（Fe_3O_4）和锰锌铁氧体纳米颗粒。他们以这两种纳米流体在横向磁场下的导热系数为体积分数的函数。结果表明，在没有磁场的情况下，锰锌纳米流体的导热性增强效果优于磁铁矿纳米流体，但在磁场作用下，磁铁矿纳米流体的导热性进一步增强，而锰锌铁氧体的导热性没有变化。Gavili 等[52]试验研究了悬浮在去离子水中的含四氧化三铁纳米颗粒的铁磁流体的导热性。结果表明，在没有磁场的情况下，导热性的增强效果不明显；在磁场作用下，最大导热系数增大 200%以上。Li 等[48]进行了试验研究，测量了有磁场和无磁场条件下 $Fe-H_2O$、$Fe_3O_4-H_2O$的黏度和导热系数。他们评估了颗粒浓度、表面活性剂的浓度、磁场强度及其方向对纳米流体导热性的影响。结果发现，由于磁流体的磁化饱和度，黏度首先随磁场强度的增大而增大，最终接近一个恒定值。此外，他们还观察到磁性流体的导热系数随磁场强度与温度梯度的增大而增大。Parekh 和 Lee[53]试验发现，在横向磁场作用下，当体积分数为4.7%时，其导热率增大了近 30%。Ghofrani 等[54]利用试验研究了在交流磁场存在下流过圆管的铁磁流体的层流强制对流传热，还研究了磁场、体积分数和雷诺数对对流传热的影响。他们推断，增大交变磁场频率和体积分数可以更好地增强传热性,在低雷诺数时磁场对对流传热的影响更大,并得出了对流传热的最大增强率为 27.6%。Jahani 等[55]使用银纳米流体和铁磁流体评估了微脉动热管的热性能。他们观察到,在没有磁场的情况下,银纳米流体的热性能有更好的改善,但在磁场作用下,MNF 热管的热性能高于银纳米流体。他们还报道了微脉动热管中铁磁流体的可控性非常有利于电子冷却应用中的蒸发器温度调节。

Lee 等[56]试验研究了不同浓度下磁纳米流体的临界传热特性。结果表明,在没有磁场的情况下,由于纳米颗粒在表面沉积,磁纳米流体传热特性的增强机制与其他纳米流体相似。然而,在磁场作用下,由于磁体对磁纳米颗粒的影响,管壁附近纳米流体的局部浓度极大地增大。Liu 等[57]试验分析了有磁场和无磁场情况下水基磁流体的强化沸腾传热特性。结果表明,在磁场作用下,铁磁流体沸腾传热性增强,这主要是由于磁场对气泡的强烈影响,磁场使气泡加速,从而生长速度更快。Bahiraei 和 Hangi[58]研究了水基锰锌铁氧体 MNF 在四极磁场下反流双管热交换器中的性能。结果表明,增加纳米颗粒浓度、颗粒大小和磁场大小将导致更大的压降和更强的传热性能。此外,在较大的雷诺数下,磁力的影响作用减弱。

2. 数值计算

在磁纳米流体强化传热的研究中,为在各影响因素的分析中得到更多的可视化情况和具体的量化指标,进一步探究具体的强化传热机理,数值计算方法受到许多研究人员的青睐。

Krakov 等[59]研究了方腔内均匀磁场下的自然对流。他们对磁场的不同方向进行了模拟,发现改变磁场和温度梯度之间的夹角会影响传热强度。Xuan 等[60]使用玻尔兹曼方法获得了在恒定磁场下微通道内铁磁流体的温度和流动分布。他们得出,热传递性能的改善取决于磁场的方向和大小。他们还推断,当磁场线与流线平行时,发生传热性增强。Ganguly 等[61]研究了若干线偶极子对铁磁流体流动传热的影响。他们利用有限差分法求解控制方程,发现由线偶极子引起的磁场可以产生几个循环区,能改善其传热能力。

Aminfar 等[62]开发了一个两相数值模型来研究在管道下的线偶极子引起的磁场作用下铁磁流体的混合对流。他们认为,在流动方向上施加负梯度的磁场可以通过平坦的速度分布来增强传热,而在流动方向上施加正梯度的磁场可以减小传热速率。Song 等[63]研究了磁场强度和位置对磁场和重力场联合作用下的正方形外壳中热磁对流的影响。他们推断,磁体位置对传热性增强有显著的影响,并得出了磁场强度及最佳位置。Aminfar 等[64]在数值研究中,通过使用两相混合模型研究了在不同的磁场强度、不均匀的横向和轴向磁场下的垂直矩形管道中铁磁流体的流热特性。在磁场作用下,流体产生了一对旋涡,努塞尔数和雷诺数增大,改善了模型的热传递性能。

Aminfar 等[65]对非均匀横向磁场下铁磁流体的传热特性进行了数值研究,发现电流载丝附近产生的一对旋涡导致努塞尔数和摩擦系数增大。他们观察到,随着雷诺数的增大,横向非均匀磁场对努塞尔数的影响比轴向非均匀磁场更大。Du 等[66]对非均匀磁场下利用铁磁流体在鳍管交换器中的传热进行了数值研究,发现最大热效率可提高52.4%。Nkurikiyimfura 等[67]开发了一个两相数值模型来研究在管道下的线偶极子引起的磁场作用下铁磁流体的混合对流,讨论了在非均匀横向磁场存在下通过矩形管道的铁磁流体的流动和传热问题。结果表明,磁场的施加增大了努塞尔数和阻力系数,增强了热传递性能的同时有效防止了纳米粒子的沉积。

从上述分析中可看到,随着计算机技术和数值计算方法的进步,数值模拟已从曾经作为试验研究的辅助方法变为与试验研究并驾齐驱的重要研究方法。同时，各种数学模型的发展和完善也为数值计算的准确性提供了重要基础，在降低人力、物力，节省资源的同时兼顾了计算结果的可靠性。现如今，利用数值计算方法进行精准的微观模型搭建，完成多物理场耦合的优势越来越明显，数值计算在热磁流体动力学领域已成为主流的研究手段。

虽然近几年涌现出较多利用试验和数值计算方法展开对磁场与磁纳米流体耦合换热方面的研究，针对 T-MHD 的探索也已经开始，但在微流体条件下对相关影响因素和磁场排布部分的研究和阐述仍缺乏系统性，需要进一步完善。磁场条件下磁纳米流体在微通道内表现的换热特性与宏观领域的传统强化换热方式完全不同。目前，研究磁场条件下磁纳米流体的传热模型大多仍是单相模型，物理场间未做到耦合计算处理。而相对准确合理的模型对于探究磁场在微观层次强化磁纳米流体传热的机理十分重要。只有建立准确贴合实际的物理模型，考虑多物理场的耦合效应，才能得到磁场条件下磁纳米流体在微观层面的真实流热表征，真正为热磁流体动力学在微通道中的换热应用提供参考。

1.4　主要研究内容

本书在国内外学者已有的研究基础上，展开对微通道中磁场条件下磁纳米流体强化传热机理的研究，深入地探究热磁流体动力学在微通道内强化对流传热的潜力，以便掌握相应的强化传热规律，探究强化传热的最优模型方案。本书的主要研究内容如下：

① 建立磁流体强制对流传热的物理模型和数学模型，运用 COMSOL 软件建立磁场、感应电场、相场、对流传热和流体流动多物理场耦合计算模型，将网格无关性验证后所得的结果与文献中已有的模拟和

试验结果进行对比,验证数值模型的可靠性。

② 在验证计算模型可靠性的基础上,对单磁场条件下微通道内影响磁纳米流体换热的各种因素进行分析讨论,综合研究磁场强度、颗粒浓度、流体黏度、磁场位置等因素对磁纳米流体传热增强对流传热的影响,并通过稳态和瞬态综合计算利用多项流热指标分析微通道内磁场力与磁纳米流体的协同作用强化传热的规律与内在机理。

③ 设计三种不同磁场布置模型,在同极异极磁场条件下,进一步探究磁纳米流体强化对流传热的特性,分别对同一磁场类型的不同磁极条件的总热通量和温度梯度进行对比分析,评价其换热强化能力,最后对三种布置模型进行综合讨论,探究最优的布置方案。

第 2 章　磁纳米流体动力学控制方程及数值计算

磁流体动力学是流体力学、传热学和电磁学的交叉学科，研究内容涵盖了流体流动和传热传质等物理现象。复杂的物理问题可以通过数学方程来描述，准确的数学描述是进行数值模拟研究的基本前提。本章简要介绍电磁学方程、动力学方程、传热学方程及其相应的边界条件，并以此为基础，引出描述电磁场、速度场、温度场以及辐射场相互耦合的基本方程。

2.1　几何模型

本书以三维矩形换热微通道内层流流动的磁纳米流体为研究对象，构建如图 2-1 所示的几何模型（微通道截面尺寸为 2 mm×3 mm，磁场中心位置 $x_0 = 10$ mm，磁体半径为 1.25 mm，微通道计算域的长度为 20 mm），提供水动力和传热的充分发展条件。

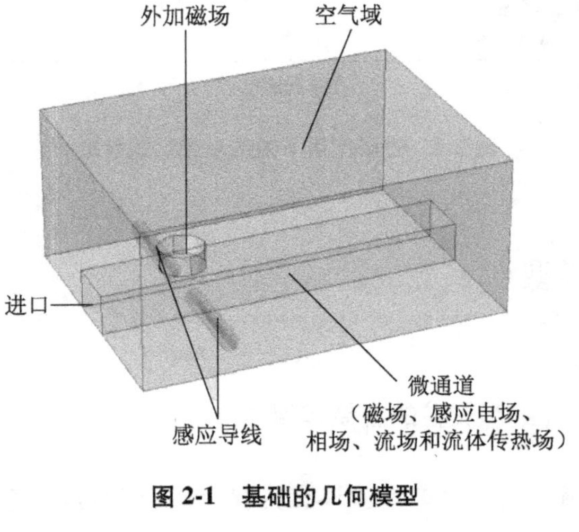

图 2-1　基础的几何模型

金属氧化物具有良好的传热性能，因此，在模拟过程中，将 Fe_3O_4-H_2O 作为系统的工作流体，管道底面和两侧壁面施加恒定的热通量，磁场由分布在微通道壁面的永磁体激发，并均匀作用于微通道内的磁纳米流体上。

本研究为探究磁场作用下磁纳米流体在微通道内的强化传热情况，在 COMSOL 内建立数值计算几何模型，模型主要包括外部空气域、内部流体域、感应导线。其中，外部空气域同时作为外加磁场的计算域和微通道的外部计算环境，内部流体域即微通道部分为计算域，包含了磁场、感应电场、相场、流场和流体传热场 5 个模块的多物理场耦合计算。微通道两侧及下壁面为热通量边界，磁纳米流体由进口流入微通道后受热升温，到达外加磁场影响区域后受磁力及布朗力等的相互作用，感应导线监测感应电势，通过磁纳米流体在外场作用下的表现特征，进而研究磁场条件下微通道内磁纳米流体的强化传热特性。磁场作用下磁纳米流体的状态如图 2-2 所示。

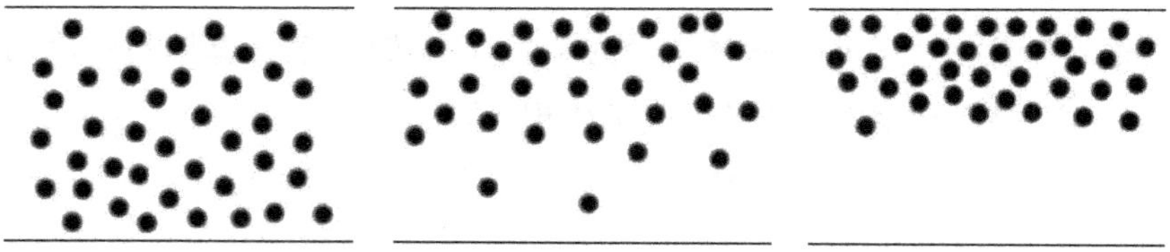

(a) 无磁场　　(b) 弱磁场　　(c) 强磁场

图 2-2　磁场作用下磁纳米流体的状态

2.2　数学模型

2.2.1　磁纳米颗粒的主要作用力

磁纳米流体具有比纳米流体更为复杂的行为特性，它是一种在不同尺度下显示不同尺度特征的流体。在宏观大尺度下,磁纳米流体可看作均匀的单相流体,但随着尺度的减小,两相特征逐步显示[68]。在基流体中,磁纳米颗粒主要受以下几个力场的作用。

1. 浮升力

重力和浮力之和,即浮升力 F_H 可表示为

$$F_H = \frac{4}{3}\pi r_p^3 g \Delta\rho \tag{2-1}$$

式中:$\Delta\rho$——磁纳米颗粒与流体的密度差,kg/m^3;

r_p——磁纳米颗粒半径,m。

2. 相间阻力

由于磁纳米颗粒与流体之间存在相对速度,根据斯托克斯定律由速度产生的相间阻力 F_D 可表示为

$$F_D = -6\pi\mu r_p \Delta u \tag{2-2}$$

式中:Δu——粒子与流体的速度差,m/s;

μ——流体动力黏度,Pa·s。

3. 布朗力

磁纳米流体中磁纳米颗粒会受到布朗力的作用,做无规则的扩散运动。磁纳米颗粒的布朗运动的程度可以用布朗运动扩散系数 D_B 来表示,其计算公式如下[69]:

$$D_B = \frac{k_B T}{3\pi\mu_0 d_p} \tag{2-3}$$

式中:k_B——玻尔兹曼常数,取 1.38×10^{-23} J/K;

T——磁纳米流体的温度,K;

μ_0——基流体的黏度,Pa·s;

d_p——磁纳米颗粒的直径,m。

式(2-3)表明磁纳米颗粒的布朗运动剧烈程度与磁纳米流体的温度 T 成正比,与磁纳米颗粒的粒径 d_p 和基流体的黏度 μ_0 成反比。

2.2.2 磁纳米流体基本物理参数

磁纳米流体的物理性质,包括等效密度 ρ_{eff}、等效导热系数 k_{eff}、等效比热容 $c_{p_{eff}}$ 和等效动态黏度 μ_{eff},都是使用以下经验方程来确定的。

采用 Park 和 Cho[70]提出的经验公式确定磁纳米流体的等效密度:

$$\rho_{eff}=\rho_b(1-\phi_{np})+\rho_{np}\phi_{np} \tag{2-4}$$

式中:ρ_b——水的密度,kg/m³;

ϕ_{np}——磁纳米颗粒的体积分数,%;

ρ_{np}——磁纳米颗粒的密度,kg/m³。

使用麦克斯韦[71]模型评估磁纳米流体的等效导热系数 k_{eff}:

$$k_{eff}=\frac{k_b[k_{np}+2k_b-2\phi_{np}(k_b-k_{np})]}{k_{np}+2k_b+\phi_{np}(k_b-k_{np})} \tag{2-5}$$

式中:k_b——水的导热系数,W/(m·K);

k_{np}——磁纳米颗粒的导热系数,W/(m·K)。

利用热平衡方程估计磁纳米流体的等效比热容 $c_{p_{eff}}$:

$$c_{p_{eff}}=\frac{(1-\phi_{np})\rho_b c_{p_b}+\phi_{np}c_{p_{np}}}{\rho_{eff}} \tag{2-6}$$

式中:c_{p_b}——水的比热容,J/(kg·K);

$c_{p_{np}}$——磁纳米颗粒的比热容,J/(kg·K)。

磁纳米流体的等效动态黏度 μ_{eff}:

$$\mu_{eff}=(1+2.5\phi_{np})\mu_b \tag{2-7}$$

式中:μ_b——水的动力黏度,Pa·s。

2.2.3 控制方程

Fe_3O_4-H_2O 纳米流体在微通道换热中的流动不稳定且处于层流状态,在铁磁流体中几乎没有焦耳热或带电粒子。因此,在能量方程中可以忽略焦耳热和磁热效应。另外,在动量方程中可以忽略洛伦兹力和库仑力。相反,当铁磁流体在非均匀磁场下流动时,开尔文力应该参与动量方程,同时还应考虑由温度梯度引起的热对流和热泳的影响。因此,采用两相模型更为合适。根据文献[64]中的模型,控制方程应包括以下方程:

$$\frac{\partial \rho_{\mathrm{nf}}}{\partial t}+\nabla(\rho_{\mathrm{nf}}\cdot \boldsymbol{V})=0 \tag{2-8}$$

式中:ρ_{nf}——磁纳米流体的密度;

$\boldsymbol{V}$——速度矢量;

t——时间,s。

$$\frac{\partial(\rho_{\mathrm{nf}}\boldsymbol{V})}{\partial t}+\rho_{\mathrm{nf}}(\boldsymbol{V}\cdot \nabla\boldsymbol{V})=-\nabla p+\mu_{\mathrm{nf}}\nabla^2\boldsymbol{V}+\boldsymbol{F}_m \tag{2-9}$$

式中:μ_{nf}——磁纳米流体的动力黏度,Pa · s;

p——压力,N;

F_m——开尔文力。

$$\frac{\partial(\rho_{\mathrm{nf}}T)}{\partial t}+\rho_{\mathrm{nf}}c_{\mathrm{nf}}(\boldsymbol{V}\cdot\nabla T)=\nabla\cdot k_{\mathrm{nf}}\nabla T+\mu\rho_{\mathrm{p}}c_{\mathrm{p}}\left(D_{\mathrm{B}}\nabla\phi\cdot\nabla T+D_{\mathrm{T}}\frac{\nabla T\cdot\nabla T}{T}\right) \tag{2-10}$$

式中:c_{nf}——磁纳米流体比热容,J/(kg · K);

T——磁纳米流体温度,K;

D_{B}——布朗运动扩散系数;

D_{T}——热泳扩散系数;

k_{nf}——磁纳米流体的导热系数,W/(m · K)。

$$\frac{\partial\phi}{\partial t}+\boldsymbol{V}\cdot\nabla\phi=\nabla\cdot\left(D_{\mathrm{B}}\cdot\nabla\phi+D_{\mathrm{T}}\frac{\nabla T}{T}\right) \tag{2-11}$$

式中:ϕ——磁纳米颗粒体积分数,%。

同时,为计算磁通量密度,根据麦克斯韦方程有

$$\nabla\times\boldsymbol{H}=\frac{\partial\boldsymbol{D}}{\partial t}+\boldsymbol{J} \tag{2-12}$$

$$\nabla\cdot\boldsymbol{B}=0 \tag{2-13}$$

$$B=\mu_0(M_{nf}+H) \tag{2-14}$$

式中:$\boldsymbol{D}$——电位移矢量;

$\boldsymbol{B}$——磁通量密度,Wb/m^2;

$\boldsymbol{H}$——磁场强度,A/m;

μ_0——真空磁导率,取 $4\pi\times10^{-7}$ N/A^2;

M_{nf}——磁纳米流体磁化强度,G。

磁纳米颗粒的连续性方程:

$$\frac{\partial\phi_{np}}{\partial t}+\boldsymbol{v}\cdot\nabla\phi_{np}=\nabla\cdot\left(D_B\nabla\phi_{np}+D_T\frac{\nabla T}{T}\right) \tag{2-15}$$

$$D_B=\frac{k_BT}{3\pi\mu d_p}\ ,\ k_B=1.38\times10^{-23}\ J/K \tag{2-16}$$

$$D_T=\frac{\mu}{\rho}\left(\frac{0.26k}{k+k_p}\right) \tag{2-17}$$

式中:k——电导率;

k_p——磁纳米流体的电导率。

动量方程:

$$\boldsymbol{v}\cdot\nabla\boldsymbol{v}=-\frac{1}{\rho_{nf}}\nabla p+\nabla\cdot\boldsymbol{\tau}+g \tag{2-18}$$

式中:$\boldsymbol{v}$——流体速度;

$\boldsymbol{\tau}$——应力张量。

$$\boldsymbol{\tau}=-\mu_{nf}[\nabla\boldsymbol{v}+(\nabla\boldsymbol{v})^t] \tag{2-19}$$

能量方程:

$$\boldsymbol{v}\cdot\nabla T=\nabla(\alpha_{nf}\nabla T)+\frac{\rho_pc_p}{\rho_{nf}c_{nf}}\left[D_B\nabla\phi_{np}\cdot\nabla T+D_T\frac{(\nabla T)^2}{T}\right] \tag{2-20}$$

式中:α_{nf}——纳米流体的热扩散率;

ρ_{nf}——纳米流体的密度。

2.3　数值计算

2.3.1　数值计算模型

1. 单相模型

由于磁纳米颗粒的体积小，容易分散在基流体中，假设粒子与连续相之间的滑动速度可以忽略不计，认为磁纳米流体是一种基于双组分浓度的具有物理性质的单相流体。因此，纯流体的所有连续性方程、动量方程和能量方程都适用于磁纳米流体。其唯一的区别是，磁纳米流体的有效性能必须取代基流体的性能。由于单相模型的简单性和计算效率的高效性，该模型已广泛用于磁纳米流体的理论研究。许多研究人员使用单相模型都得到了可接受的结果[72]。但由于单相模型忽略了颗粒与流体间的多种相互作用，需要准确选择合适的有效性能进行替代，因此单相模型的数值预测结果与试验结果相比通常不能得到较好的一致性。在计算条件复杂或粒子运动混乱的工况下，单相模型的数值预测结果往往会出现较大偏差。

2. 两相模型

在两相方法中，纳米颗粒和基流体被认为是具有不同速度和温度的两种不同的相，并且考虑了基流体和颗粒之间存在相对滑移速度，同时考虑了在重力及其他力的作用下流体和颗粒之间的摩擦、布朗运动、布朗扩散、沉降和分散等的影响。由于两相模型考虑了固体和流体分子之间的运动，因此可以得到更加贴合实际的结果，在多数场合下，两相模型比单相模型具有更高的计算精度。但由于两相模型考虑了对液相和固相在传热过程中的相互作用，需要高性能的计算机，并且计算用时较长。

3. 混合模型

混合物模型也可以归于多相模型，只是它比多相模型更简单，应用形式更多样化。混合模型可以用来模拟多相流的流动。连续相和分散相在流场中以不同的速度运动，若研究的空间尺度不大，则可以采用混合模型来模拟多物理场耦合的均匀多相流。混合模型也是欧拉多相模型的一个替代品，其优点在于当求解的变量不多且不复杂时，其求解的结果和欧拉多相模型一样精确且用时较少。当所研究的颗粒相分布规律较复杂时，便可选用混合物模型[73]进行数值计算。混合模型可以自由地选择颗粒的所有物理属性，比较适用于固液两相流。当需要对颗粒相进行详细研究时，便可选用混合模型。基于本书所研究的计算条件和要求，混合模型更合适。将基流体和磁性纳米颗粒分别作为连续相和分散相，使得连续相和分散相在微通道流场中各自以不同的速度运动并相互作用。混合模型便于设置纳米颗粒的各种物理参数，在计算中同时考虑了连续相和分散相之间的质量、动量和能量交换，以使计算结果更加准确。

2.3.2 边界条件及物理场设置

本书主要的数值计算在 COMSOL 多物理场仿真软件中进行，将磁场作为预设外场，采用层流+流体传热、相传递+流体传热、相传递+层流多物理场两两耦合进行计算，最后在求解器中进行共同耦合。其中，流场、磁场和相场之间形成的磁纳米流体流动数据传递采用自编的程序，相场、流动与传热之间的耦合采用软件自带的多物理场耦合计算模型进行计算。初始计算参数设置如表 2-1 所示。

表 2-1　计算参数设置

参数	符号	数值
磁场强度/T	H	2
磁纳米颗粒体积分数/%	ϕ_{np}	3
颗粒直径/nm	d_p	100
颗粒密度/(kg · m^{-3})	ρ_{np}	5 200
边界热载荷/(W · m^{-2})	Q	2×10^4
温度/K	T	285. 15

1. 材料定义

空气域选定为自由空间,仅涉及磁场计算,几何模型包裹感应导线,但无计算,故添加相对磁导率和密度属性,电导率和相对介电常数为 0,空气密度为 1. 29 kg/m^3。

内部流体域即微通道部分预设为水,计算域包含磁场、流场、流体传热、感应电场和相场计算,故除材料内置的密度、恒定压热容、导热系数、黏度等参数外,还应定义相对磁导率和介电常数,以满足物理场耦合的需求。

外加磁场部分仅涉及磁场计算,故设置材料为磁铁,采用材料的内置参数即可。感应导线选定材料为导体,仅涉及感应电场计算,同样不需要添加参数。

2. 边界条件

(1) 几何边界条件

几何模型中空气域完全包含内部流体域,入口、出口位置互相平齐,不同计算域之间经布尔运算互不交叉形成联合体,共享边界,边界容差自动修复。

(2) 物理场边界条件

磁场中空气域、外部流体域、内部流体域的进出口均为磁绝缘边界;感应电场除导体两端及微通道内部流场外,其余边界均为电绝缘边界;流场中壁面设置为无滑移边界;相传递场仅设置磁纳米颗粒模型通量边界条件;流体传热模型中将内部流体域的两侧壁面和底面设置为边界热源。

2.3.3 数值计算流程

本研究采用 COMSOL 对上述物理问题进行多物理场数值计算求解,具体的计算流程如下:

① 预置参与求解的物理场模型;

② 建立几何模型,定义初始条件和物理参数;

③ 设置各物理场参与的计算域和边界条件,代入定义的初始条件和物理参数;

④ 划分网格;

⑤ 设置各物理场耦合接点,实现各物理场耦合计算;

⑥ 根据多物理场模型分步选择计算方式,调整求解器设置,并配置 3 个求解器,其中,磁场和感应电场各配置一个全耦合求解器,流体流动、传热特性计算和相场配置分离式求解器。数值计算通过容差终止,计算的最大迭代次数为 200,迭代收敛容差标准为 10^{-5}。

2.4 本章小结

本章首先介绍了数值计算的几何模型和数学模型,对基流体中磁纳米颗粒所受的主要力场进行了描述。然后对磁纳米流体的基本物理参数指标进行了阐述,定义了磁纳米流体的等效密度 ρ_{eff}、等效导热系数 k_{eff}、等效比热容 $c_{p_{\mathrm{eff}}}$ 和等效动态黏度 μ_{eff}。通过比较分析,确定了两相计算模型参与多物理场耦合,并描述了两相计算的基本控制方程,为后续的试验验证和数值计算提供了理论基础。最后详细描述了数值计算的边界条件和物理场设置,以及主要的求解计算流程。

第 3 章　模型验证及热效率分析

3.1　网格划分及无关性验证

3.1.1　网格划分

模型的网格划分对运算速度和计算精度都有较大的影响。本书中模型整体网格划分标准选择细化，但微通道部分包含了流体流动、传热、磁场、感应电场、两相流场计算，要求网格更精密。外流体域校准为普通物理场，仅包含外磁场计算，可适当增大网格尺寸以降低网格密度，减少计算量。微通道内运动的磁流体在壁面附近存在较大的速度梯度，且受磁场作用表现出较大的各向异性，需要划分更薄的边界层，同时对特定边界层网格数进行加密。设定内部流体域边界层层数为10，拉伸因子为1.2，厚度调节因子为1.1。部分模型的网格划分情况如图 3-1 所示。

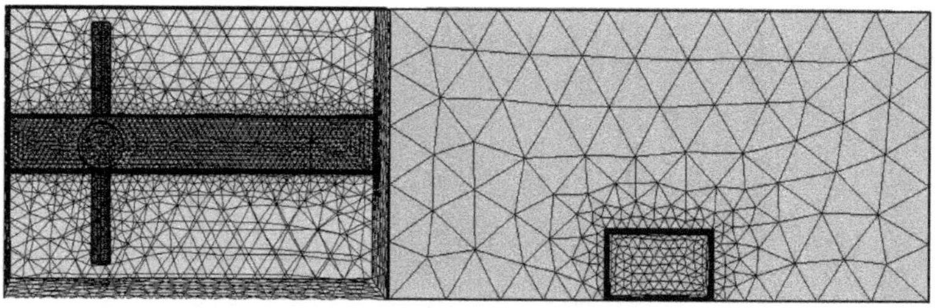

图 3-1　部分模型的网格划分

3.1.2　网格无关性检验

合理的网格数量是计算准确、高效的关键，在预备计算中，需要检验合理的网格范围，在保证计算结果收敛并达到要求精度的同时，应尽量避免浪费过多的计算时间。为准确确定网格划分是否满足计算要求，对网格质量进行独立性分析，以 $Re=60.8$，体积分数 $\phi=3\%$，热功率 $Q=5$ W，磁场强度 $B=1$ T 条件作为算例，分别比较了在网格 1、网格 2 和网格 3 三种网格数分别为 48 051、165 651 和 436 533 的模型下不同数值计算结果的特定数值解，其验证过程如下。

1. 物理量验证

(1) 剪切速率

在剪切应力的作用下，流体各层之间具有不同的速度，形成了速度梯度，称之为剪切速率。本书将剪切速率作为磁纳米流体所受磁场力和流体黏度的综合表征。瞬态计算时不同网格数下模型剪切速率变化情况如图 3-2 所示。

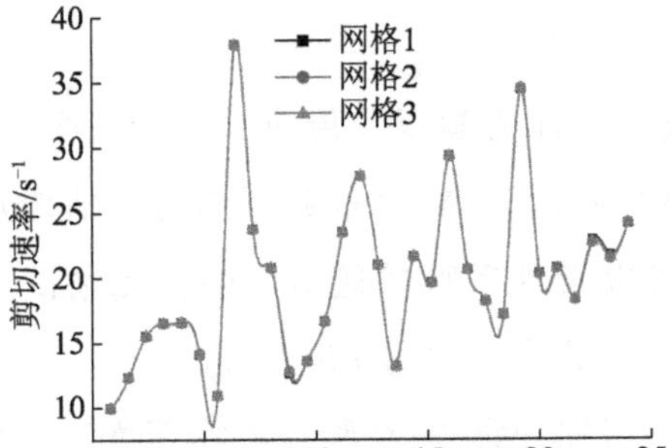

图 3-2　不同网格数下模型剪切速率比较

由图 3-2 可知，在磁纳米流体流入过程中，在 5~7 s 范围内分别达到了最小和最大剪切速率，三种网格条件下剪切速率的误差极小，剪切速率的误差范围仅为 0~1.1%。

（2）对流热通量

对流热通量是指沿某一方向在单位时间、单位面积流过的热量。其方向即沿等温面的法线方向，且由高温方向指向低温方向。对流热通量的大小和方向可以分别表征热量转移的程度和方向。瞬态计算时不同网格数下模型对流热通量的变化情况如图 3-3 所示。

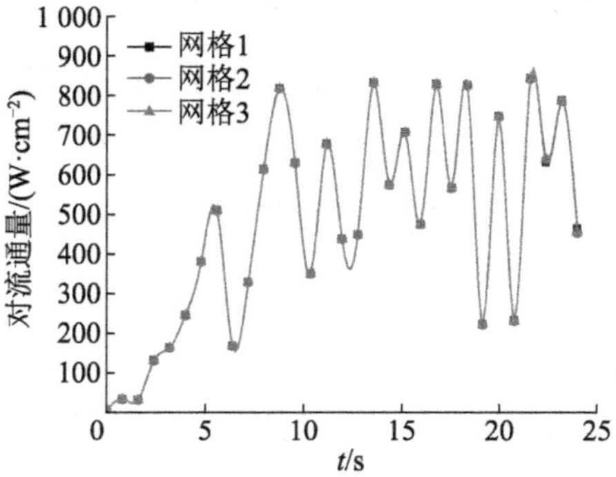

图 3-3　不同网格数下模型对流热通量的变化情况

由图 3-3 可知，在磁纳米流体流入过程中，对流热通量在 6 s 左右开始出现波动，三种网格条件下对流热通量的误差范围为 0~2.16%。

2. 无量纲指标验证

努塞尔数 Nu 是流体力学以及传热学中的一个无量纲数，它直接影响对流传热系数的大小。努塞尔数可作为评估传热效率的一个指标。阻力系数 f 可以直观反映微通道内的流动情况。不同网格数下 Nu 和 f 的分析结果如图 3-4 和图 3-5 所示。

综合上述情况可知，网格数对验证的物理量和无量纲数的影响均十分微小。为保证其他结果计算的准确性和减少计算资源的浪费，并考虑计算模型的整体计算精度及计算效率，本研究选取网格 2，网格域的单元数为 165 651。这样在兼顾较高网格数量的同时将计算资源的消耗控制在有效范围内，并以此网格划分模型继续对后续结果进行验证。

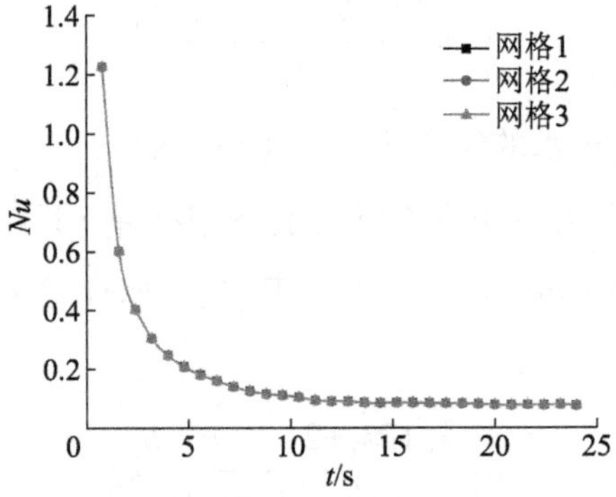

图 3-4　不同网格数下努塞尔数的比较

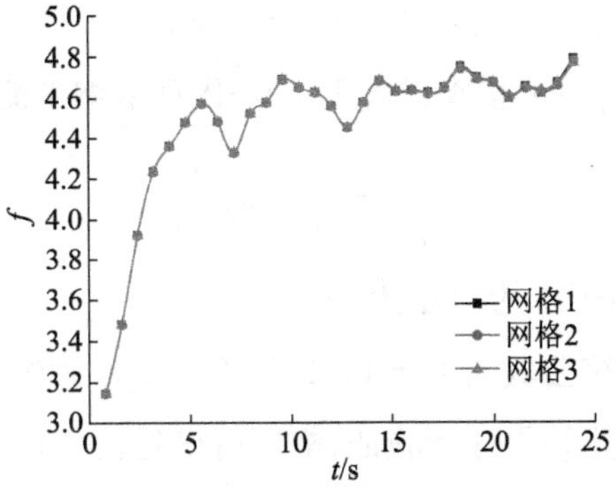

图 3-5　不同网格数下阻力系数的比较

3.2　物理性质及无量纲评价指标验证

在数值计算前,先对模型的网格数进行无关性检验,然后利用相关文献中已有的数据和传统计算公式对微通道内计算的磁纳米流体的物理性质和无量纲评价指标进行数值验证。

3.2.1　物理性质

Fe_3O_4-H_2O 磁纳米流体比热的计算公式如下:

$$c_p=\frac{(1-\phi)\rho_{\rm f}c_{p\rm f}+\phi\rho_{\rm p}c_{p\rm p}}{\rho} \tag{3-1}$$

式中：c_{pf}——去离子水的定压比热，J/(kg·K)

c_{pp}——Fe_3O_4 纳米粒子的定压比热，J/(kg·K)。

本书选用 Brinkman 模型计算 $Fe_3O_4-H_2O$ 磁纳米流体的热导率，即

$$k=\frac{k_{\rm p}+2k_{\rm f}+2(k_{\rm p}-k_{\rm f})\phi}{k_{\rm p}+2k_{\rm f}-(k_{\rm p}-k_{\rm f})\phi}k_{\rm f} \tag{3-2}$$

式中：$k_{\rm p}$——Fe_3O_4 纳米粒子的热导率，W/(m·K)；

$k_{\rm f}$——去离子水的热导率，W/(m·K)。

本书采用 Einstain 模型计算 $Fe_3O_4-H_2O$ 磁纳米流体的黏度：

$$\mu=\frac{1}{(1-\phi)^{2.5}}\mu_{\rm f}\frac{\rho_{\rm f}}{\rho} \tag{3-3}$$

式中：$\mu_{\rm f}$——去离子水的黏度，Pa·s。

将用上述传统公式对基流体和 $Fe_3O_4-H_2O$ 磁纳米流体的计算结果与本书数值计算结果进行验证，整理后得到表 3-1。

表 3-1　不同流体介质的物理性质数值验证

物理参数	基流体			$Fe_3O_4-H_2O$ 磁纳米流体		
	传统公式计算结果	数值计算结果	误差/%	传统公式计算结果	数值计算结果	误差/%
比热容 c_p/(J·kg^{-1}·K^{-1})	4 180	4 100	2	3 890	3 650	6.6
导热系数 k/(W·m^{-1}·K^{-1})	0.618	0.552	12	0.647	0.670	3.6
黏度 μ/(Pa·s)	0.708	0.690	2.6	0.701	0.744	6.1

从表 3-1 中可以看出，基流体的导热系数校核误差略大，但整体趋势一致，基流体和 $Fe_3O_4-H_2O$ 磁纳米流体的物理参数平均校核误差均

小于 5.6%，可认为数值计算结果具有较好的准确性和稳定性。

3.2.2　无量纲评价指标

对于入口区域未充分发展的流动，Nusselt 推荐的计算公式如下：

$$Nu_{\mathrm{d}}=0.036Re_{\mathrm{d}}^{0.8}Pr^{1/3}\left(\frac{d}{L}\right)^{0.055} \tag{3-4}$$

式中：Nu_{d}——努塞尔数；

Re_{d}——雷诺数；

Pr——普朗特数；

d——当量直径；

L——特征长度。

$$f=0.3164Re^{-0.25},\ Re<10^5 \tag{3-5}$$

由于公式本身存在误差，因此数值验证过程中不需要与公式计算结果十分相近，只需验证整体趋势一致便可在一定程度上表明数值计算结果的准确性。图 3-6 中给出了努塞尔数 Nu 及阻力系数 f 的比较，由图可知数值计算结果与经验公式计算结果的趋势一致，计算模型设置准确。

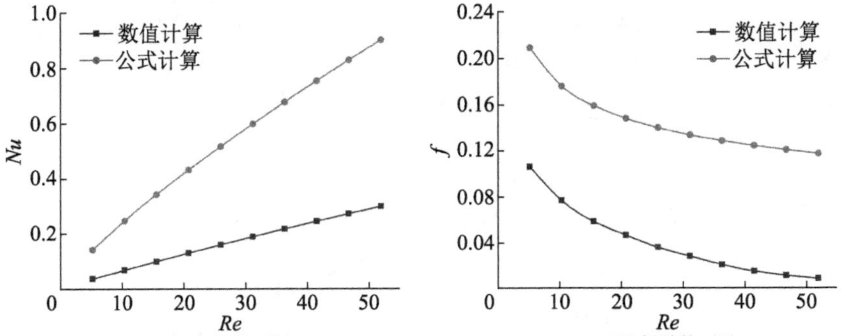

(a) 努塞尔数对比　　(b) 阻力系数对比

图 3-6　无量纲评价指标数值验证

3.3 试验验证

3.3.1 动力黏度试验验证

李国龙[74]将不同温度下 Fe_3O_4 磁纳米流体动力黏度试验数据与数值计算结果对比，得到图 3-7 所示结果。由图 3-7 可知，当磁纳米流体体积分数 ϕ 为 1.0%，2.0%，3.0%时，计算值与试验值的误差范围分别为 1.0% ~ 5.4%，0.82% ~ 3.6%，0.30% ~ 10.8%，平均误差分别为 3.0%，1.9%，5.0%。综合以上情况可知，动力黏度的计算值与试验值的误差在可控范围内，表明计算模型具有较好的准确性。

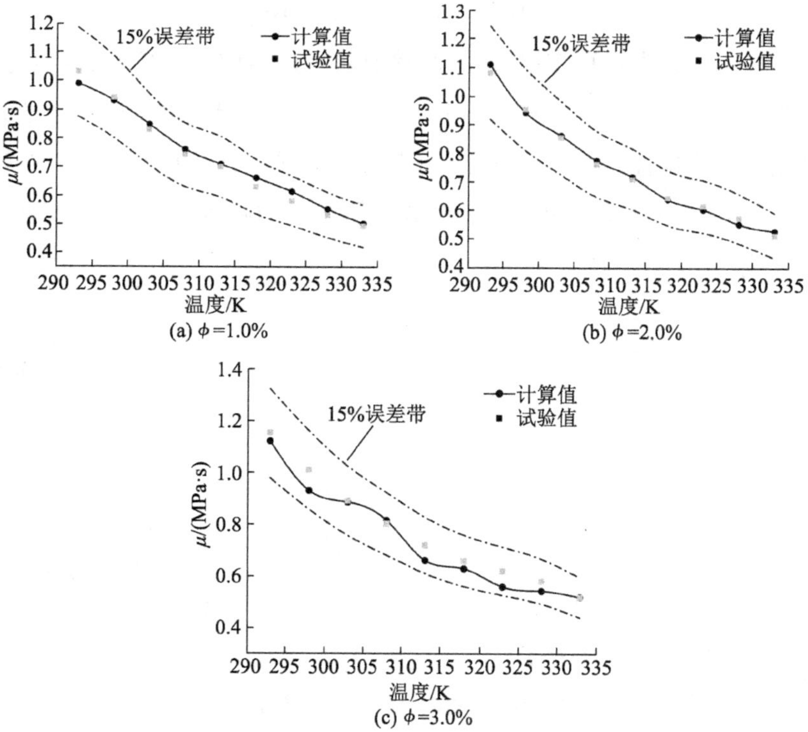

图 3-7　不同体积分数下 Fe_3O_4 磁纳米流体的试验验证

3.3.2　导热系数稳态及瞬态验证

常强[75]将不同温度下 Fe_3O_4 磁纳米流体导热系数的试验值与数值计算值进行稳态及瞬态验证,得到图 3-8 所示结果。由图 3-8 可知,在不同磁场强度稳态条件下,当磁纳米流体体积分数分别 ϕ 为 1.0%和 3.0%时,计算值与试验值的误差范围分别为 6.0%~11.3%和 3.1%~11.4%,平均误差分别为 3.8%和 4.1%。在磁场强度瞬态条件下,当磁纳米流体体积分数 ϕ 为 0.5%时,瞬态验证结果的误差范围为 2.8%~12.9%,平均误差为 7.7%,稳态及瞬态误差范围均在 15%以内。综合以上情况可知,计算值与试验值误差在可控范围内,表明计算模型可靠。

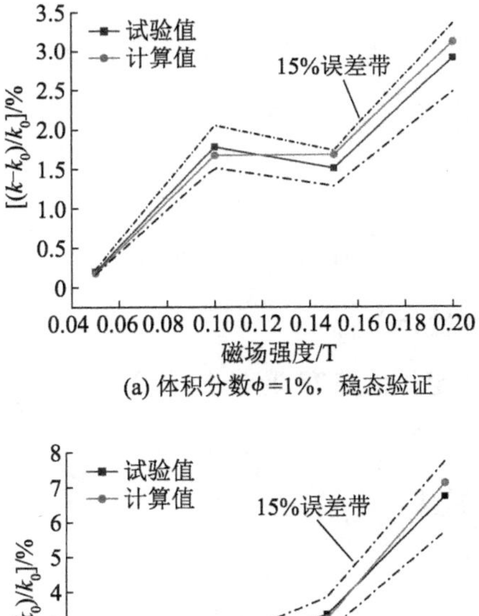

(a) 体积分数 ϕ=1%，稳态验证

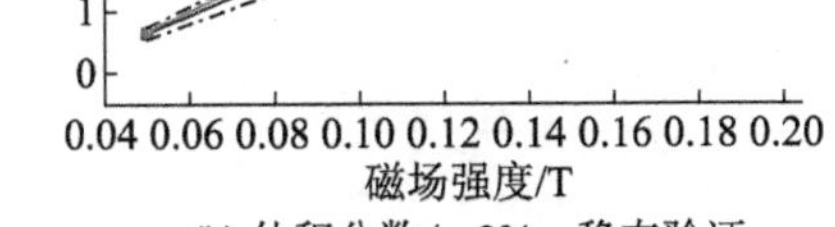

(b) 体积分数 ϕ=3%，稳态验证

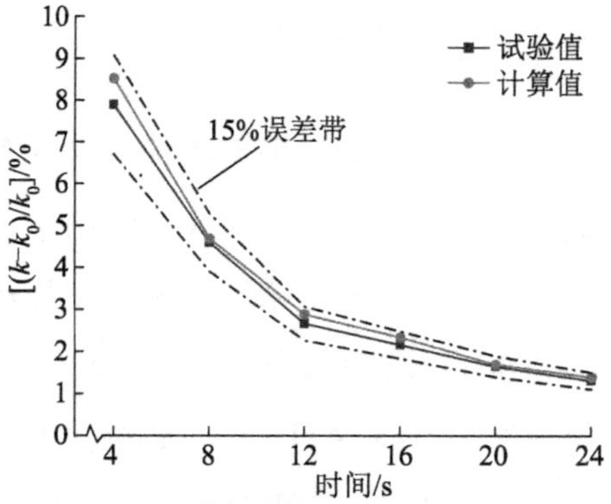

(c) 体积分数ϕ=0.5%，瞬态验证

图 3-8　导热系数稳态及瞬态试验验证

3.4　热效率分析

3.4.1　评价指标

总传热量：

$$Q=Gc_p(T_{\text{out}}-T_{\text{in}}) \tag{3-6}$$

式中：G——循环水量，m^3/s；

c_p——磁流体定压比热容，J/(kg·℃)

T_{out}——出口温度；

T_{in}——入口温度。

换热系数：

$$h=\frac{Q}{(T_{\text{w}}-T_{\text{b}})A} \tag{3-7}$$

式中：T_{w}——壁面温度；

$T_{\text{b}}=\dfrac{T_{\text{in}}+T_{\text{out}}}{2}$。

努塞尔数：

$$Nu = \frac{hD_h}{\lambda} \tag{3-8}$$

式中：D_h——水力直径，$D_h = \frac{4S_0}{C}$，其中，S_0 为微通道横截面积，C 为微通道截面周长。

压降：

$$\Delta p = p_{in} - p_{out} \tag{3-9}$$

普朗特数：

$$Pr = \frac{\mu c_p}{\lambda} \tag{3-10}$$

式中：μ——流体的动力黏度；

c_p——流体的定压比热；

λ——流体的导热系数。

雷诺数：

$$Re = \frac{\rho v D_h}{\mu} \tag{3-11}$$

阻力系数：

$$f = \frac{2\Delta p D_e}{\rho l v^2} \tag{3-12}$$

3.4.2　流动与传热能力分析

1. 微通道内的温度变化

在入口流速 $U_0 = 0.002$ m/s，磁场强度 $B = 2$ T 的条件下，对微通道横截面在三种介质工况下的换热情况进行数值计算，计算结果如图 3-9 所示。由图 3-9 可知，当流体介质为磁纳米流体时，微通道内的对流热通量和换热均匀性均明显优于纯水介质，加入磁场后，在微通道内

6 mm 处(磁场位置范围内),微通道内的换热均匀性和对流热通量显著提升。脱离磁场的影响范围后,微通道内的换热情况逐渐接近无磁场情况。从在微通道内 18 mm 处截面的换热情况来看,加入磁场后的最终对流热通量略高于无磁场的情况。在磁场范围内,由于磁力的作用,微通道内的局部换热情况明显提升。

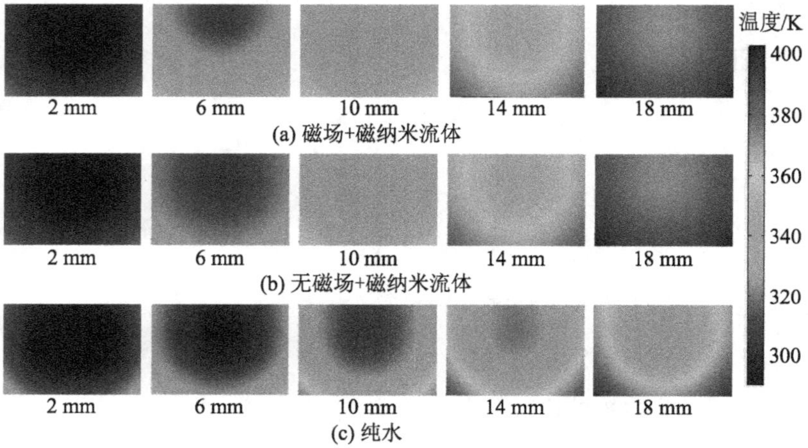

图 3-9　三种介质工况下微通道内横截面的换热情况

2. 微通道内速度场分析

对三种介质工况下微通道内纵截面的速度场结果进行处理,观察三种工况下微通道内的流场状态,结果如图 3-10 所示。

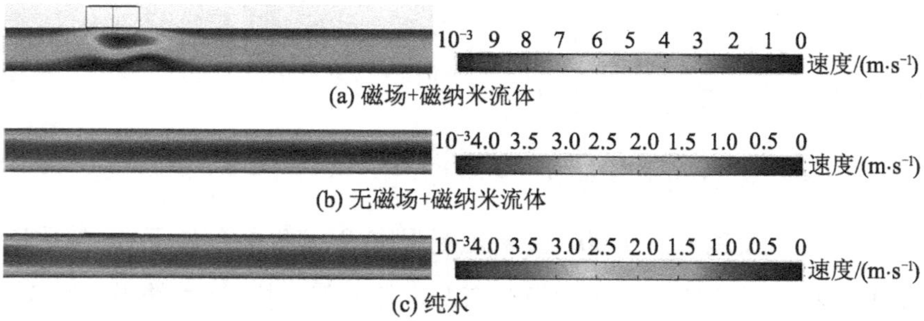

图 3-10　三种介质工况下微通道内纵截面速度场比较

从图 3-10 中可看出，加入磁场后，微通道内最大流速提高 2 倍以上，磁场位置出现明显的高速区域。无磁场条件下，磁纳米流体介质与纯水介质的速度场分布基本相同，但当介质为磁纳米流体时微通道中心较高流速区域比纯水介质更宽，边界层更薄。

3.4.3　流动传热特性综合分析

上述结果已论证加入磁场后的磁纳米流体介质比未加磁场情况和纯水介质具有更复杂的流场特性。为进一步分析磁场条件下磁纳米流体、无磁场条件下纳米流体和纯水三种介质工况的流动传热特性，取微通道内长度方向的中心截线进行分析，得到三种介质工况下的流动传热特性。

1. 温度场分析

(1) 不同介质工况

图 3-11 为三种介质工况下不同入口流速时的温度变化情况。由图 3-11 可知，在不同入口流速下，磁纳米流体介质与基流体介质的温度变化趋势相同，加入磁场后，磁纳米流体在磁场力的作用下，流体在到达磁场中心位置之前升温速率明显加快，热通量大大提高。但在磁场中心位置附近的对流换热反而受阻，离开磁场区域后热通量保持恒定。综合热通量的影响后，磁场条件下磁纳米流体在微通道内的换热情况略优于无磁场条件，但未达到明显的改善效果。不同介质工况在微通道内的传热均受入口流速的影响较大，流速越小换热越充分，此时由流速变化引起的热通量变化也越明显，随入口流速的增大，热通量所受的影响变小。

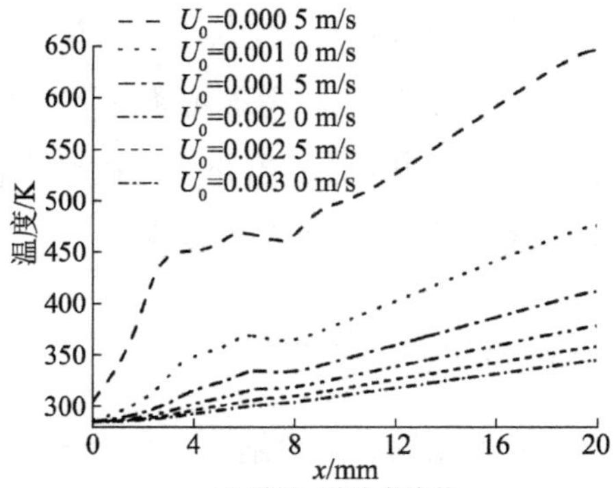

(a) 磁场+磁纳米流体

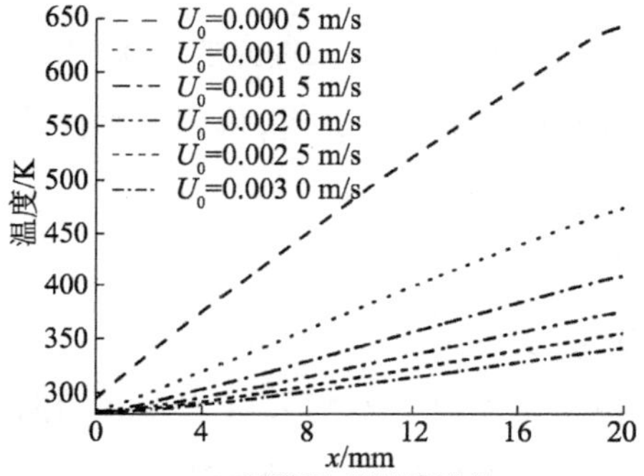

(b)无磁场+磁纳米流体

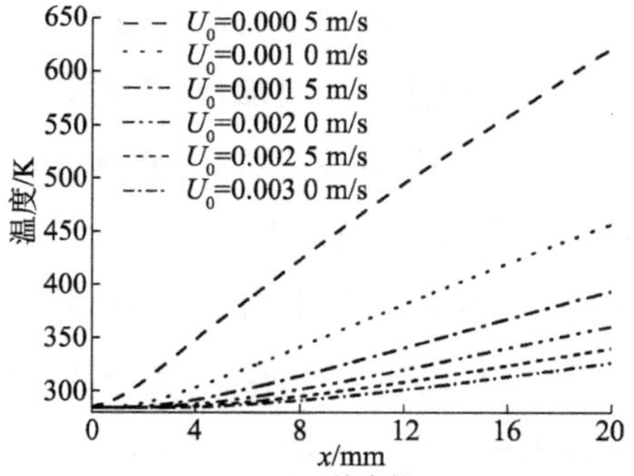

(c) 基流体

图 3-11　三种介质工况下不同入口流速时的温度变化情况

（2）不同流速

图 3-12 为不同入口流速下三种介质工况的温度变化情况。由图 3-12 可知，磁纳米流体在不同入口流速下最终达到的流体温度均高于

基流体，加入磁场后，磁纳米流体在磁场区域温度变化出现迁跃，流速越低变化越明显。当入口流速达到 0.002 5 m/s 后，现有磁场强度已几乎无法对磁纳米流体在磁场区域的换热情况造成影响。

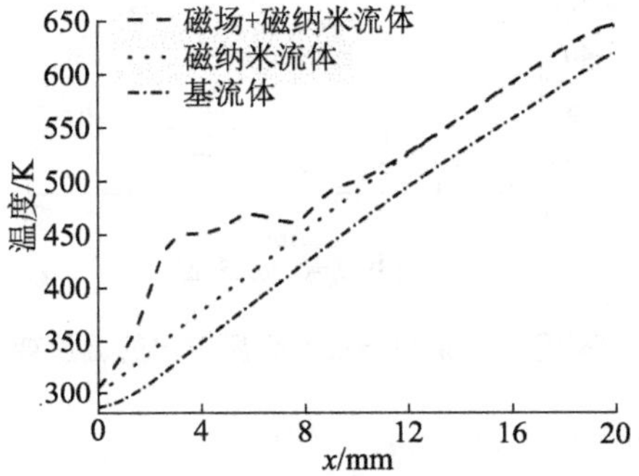

(a) U_0=0.000 5 m/s

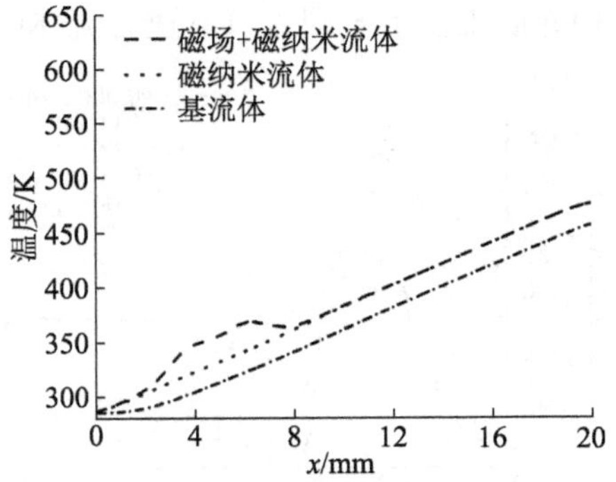

(b) U_0=0.001 0 m/s

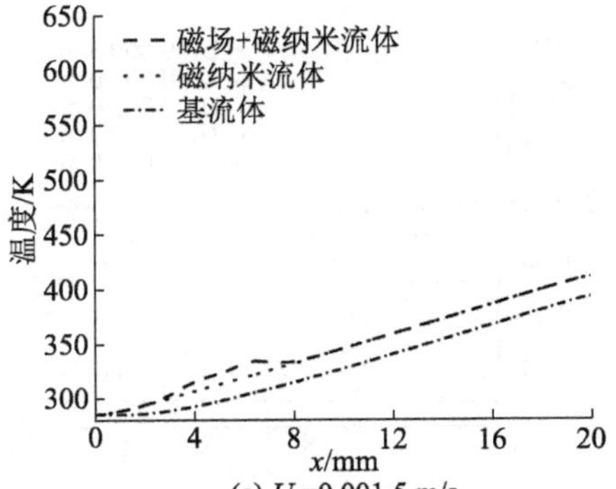

(c) U_0=0.001 5 m/s

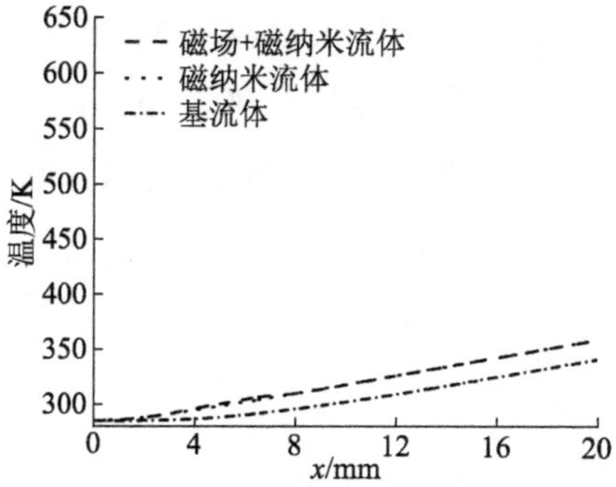

(d) U_0=0.002 5 m/s

图 3-12　不同入口流速下三种介质工况的温度变化情况

2. 速度场分析

（1）不同介质工况

图 3-13 为三种介质工况下不同入口流速时流体的速度变化情况。

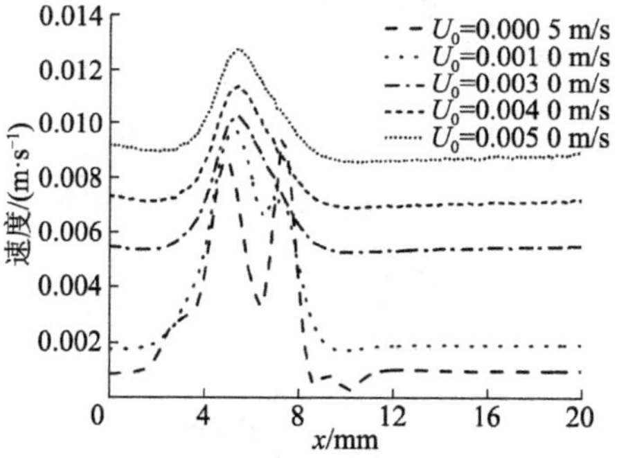

(a) 磁场+磁纳米流体

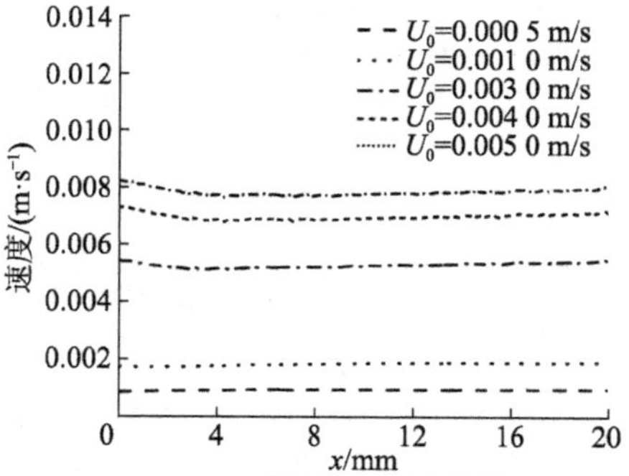

(b)无磁场+磁纳米流体

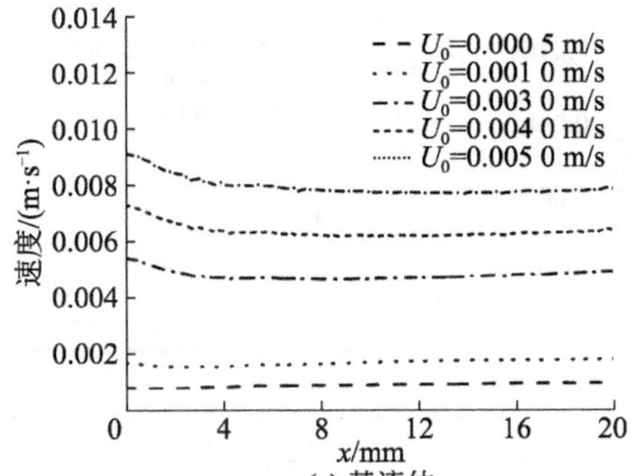

(c) 基流体

图 3-13 三种介质工况下不同入口流速时流体的速度变化情况

由图 3-13 可知,加入磁场后,微通道内磁纳米流体在磁场区域出现较大的速度波动峰值,入口流速越低,速度波动峰值越大。当 U_0 = 0.000 5 m/s 和 0.001 0 m/s 时出现两个速度峰值,U_0>0.001 0 m/s 后仅有一个速度峰值,且变化规律完全相同。无磁场时,磁纳米流体和基流体在微通道内速度基本恒定,速度与入口流速成正比。相同入口流速下,基流体入口处的速率变化总是略高于磁纳米流体,分析认为磁纳米流体内的纳米颗粒和基流体存在流速差,两者相互作用抑制了管道流的入口效应,造成入口速率的波动较小。

(2) 不同流速

图 3-14 为不同入口流速下三种介质工况的速度变化情况。

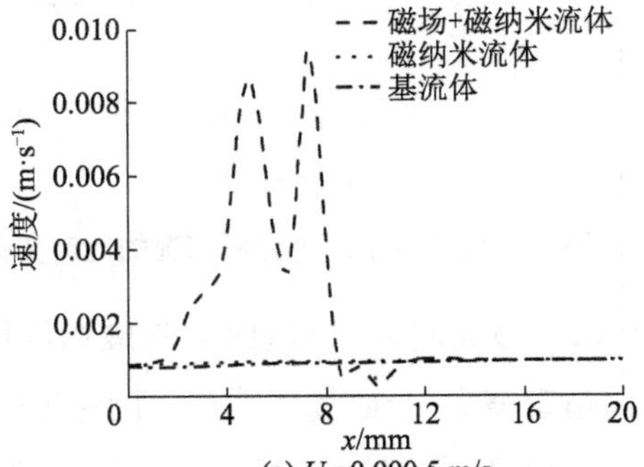

(a) U_0=0.000 5 m/s

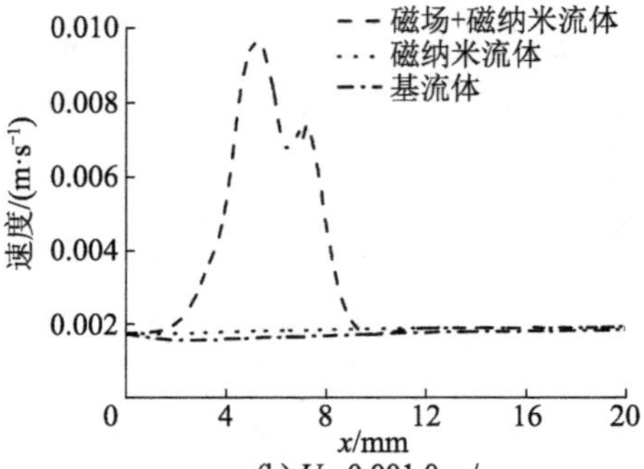

(b) U_0=0.001 0 m/s

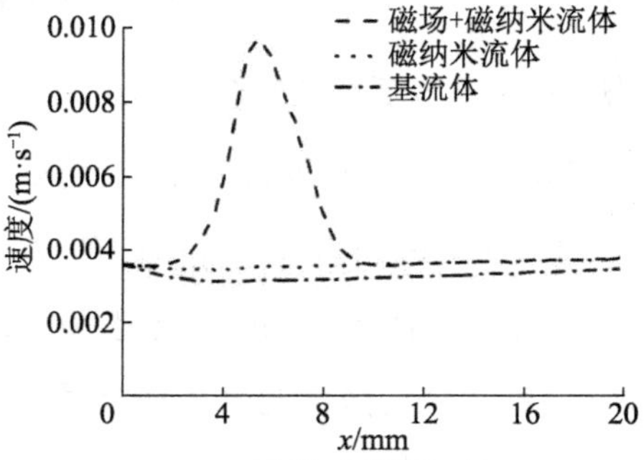

(c) U_0=0.001 5 m/s

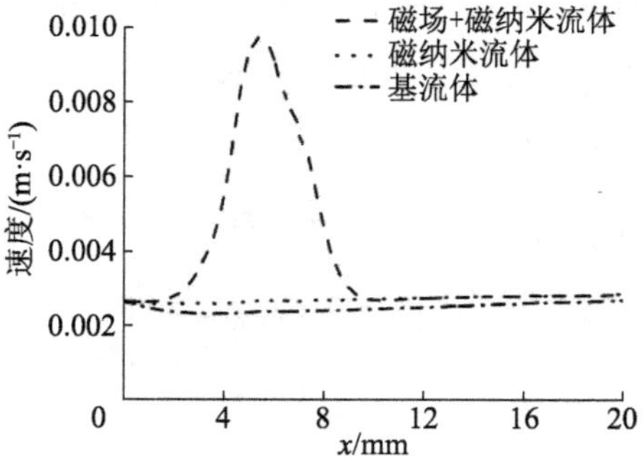

(d) U_0=0.002 0 m/s

图 3-14　不同入口流速下三种介质工况的速度变化情况

由图 3-14 可知，有磁场时，微通道内不受磁场区域影响的速度随入口流速的增大而恒定增大，受磁场影响产生的速度峰值基本相同，流速越小则速度波动越明显。当 U_0<0.001 m/s 时，磁纳米流体与基流体

在微通道内的流速差异并不明显，随着入口流速的增大，两者的流速差异逐渐增大。

3. 涡流

（1）不同介质工况

涡流强度反映了微通道内速度环量的变化梯度。图 3-15 为三种介质工况下不同入口流速时流体的涡流强度变化情况。由图 3-15 可知，无磁场时，磁纳米流体和基流体的速度变化情况基本一致，涡流强度与速度大小成正比。加入磁场后，磁场区域涡流强度剧烈增强，速度越小，程度越明显。这说明受磁场的影响越明显，流场速度的梯度变化程度越剧烈，出现的漩涡流越强。

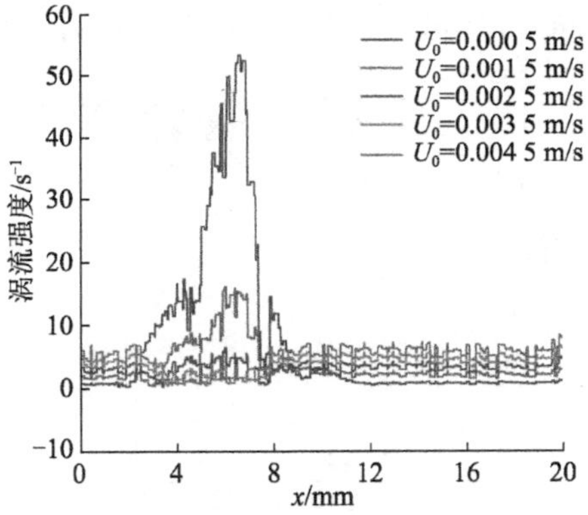

(a) 磁场+磁纳米流体

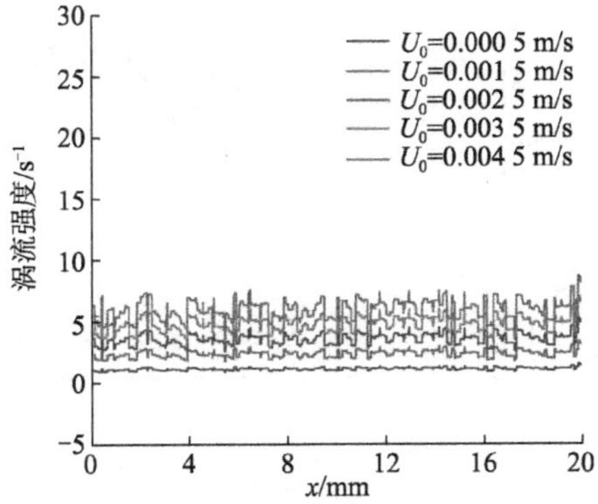

(b)无磁场+磁纳米流体

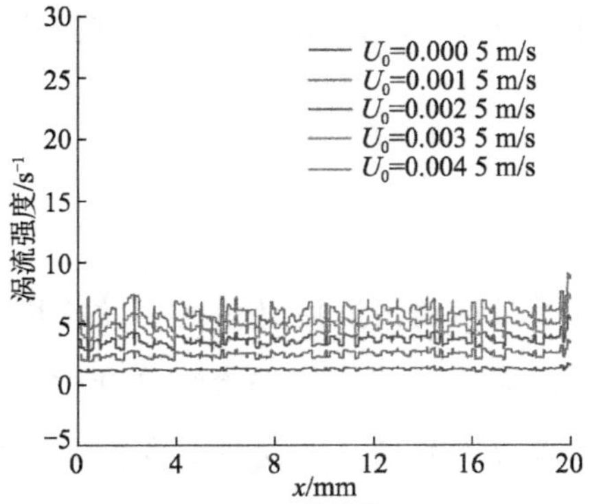

(c) 基流体

图 3-15　三种介质工况下不同入口流速时流体的速度变化情况

（2）不同流速

图 3-16 为不同入口流速下三种介质工况的涡流变化情况。

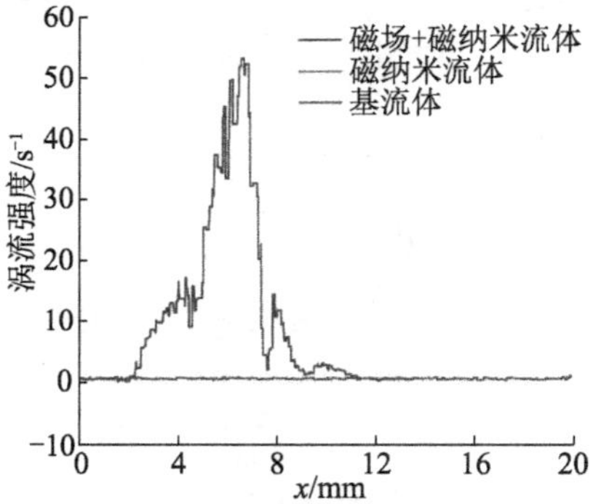

(a) U_0=0.000 5 m/s

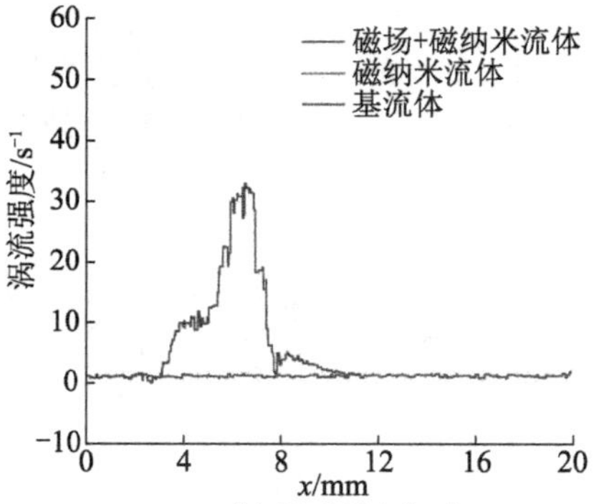

(b) U_0=0.001 0 m/s

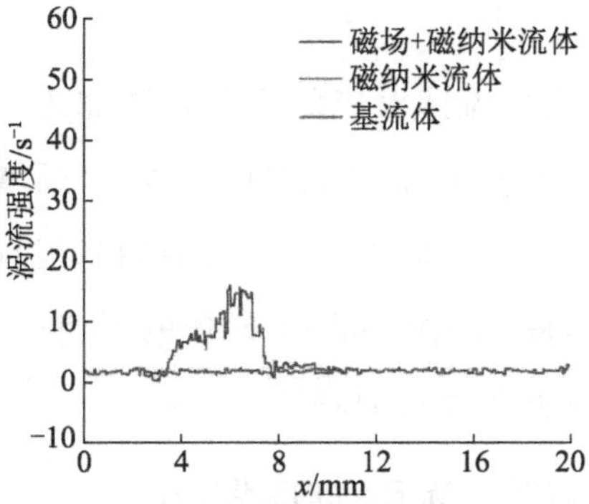

(c) U_0=0.001 5 m/s

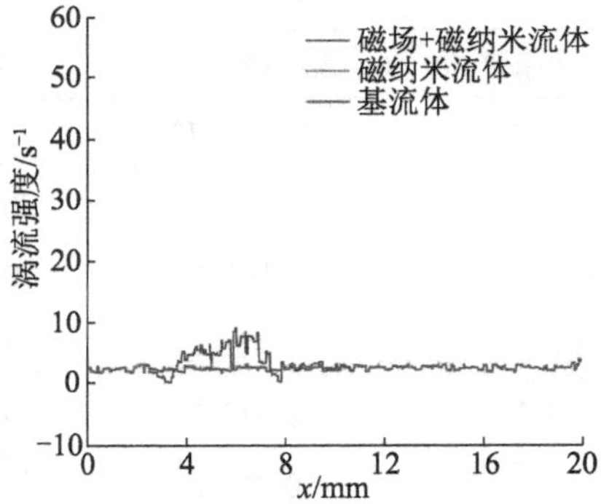

(d) U_0=0.002 0 m/s

彩图 3-15 和图 3-16

图 3-16　不同入口流速下三种介质工况的涡流强度变化情况

由图 3-16 可知，有磁场时，磁场区域下的涡流强度与入口流速成等比例反比，脱离磁场影响区域后，三种工况下的涡流强度变化情况完全一致。

3.4.4　无量纲参数分析

为了进一步分析在磁场条件下，磁纳米流体在微通道内的对流换热特性，本研究对比分析了三种流体工况下的努塞尔数（Nu）、阻力系数（f）和压降（Δp），以评价磁场作用于磁纳米流体后在对流换热中的应用潜力。

1. 努塞尔数 Nu

三种流体工况下,不同入口流速对应的努塞尔数如表 3-2 所示。由表 3-2 可知,随着入口流速的增大,各工况对应的 Nu 不断增大,基流体在不同入口流速下的 Nu 最小。加入磁场后,磁纳米流体在 $U_0 =$ 0.000 5 m/s 时的 Nu 比未加磁场的小,说明受磁场的影响过于剧烈会抑制流体的对流换热特性,其热效率反而降低。

表 3-2　三种流体工况下 *Nu* 的变化情况

入口流速/($m \cdot s^{-1}$)	Nu		
	磁场+磁纳米流体	磁纳米流体	基流体
0.000 5	0.003 767	0.003 778	0.003 761
0.001 0	0.069 73	0.069 72	0.068 70
0.001 5	0.102 5	0.102 47	0.100 1
0.002 0	0.135 2	0.135 2	0.131 0
0.002 5	0.167 7	0.167 7	0.161 1
0.003 0	0.199 9	0.199 8	0.190 5
0.003 5	0.231 7	0.231 6	0.219 0
0.004 0	0.263 2	0.253 1	0.246 9
0.004 5	0.294 4	0.294 3	0.274 0
0.005 0	0.325 2	0.325 0	0.300 6

2. 阻力系数 f

三种流体工况下微通道内阻力系数的变化情况如图 3-17 所示。由图 3-17 可知,在低入口速度(低雷诺数)下加入磁场后,微通道内流体因受磁场影响其阻力系数较大,随着雷诺数的增大,流体受磁场的影响减小,微通道内流体阻力系数迅速减小。当 $Re>15$ 且有磁场时,微通道内的阻力系数反而小于无磁场情况,随着雷诺数的进一步增大,磁场的影响逐渐减弱,三种流体工况的阻力系数逐渐趋于一致。

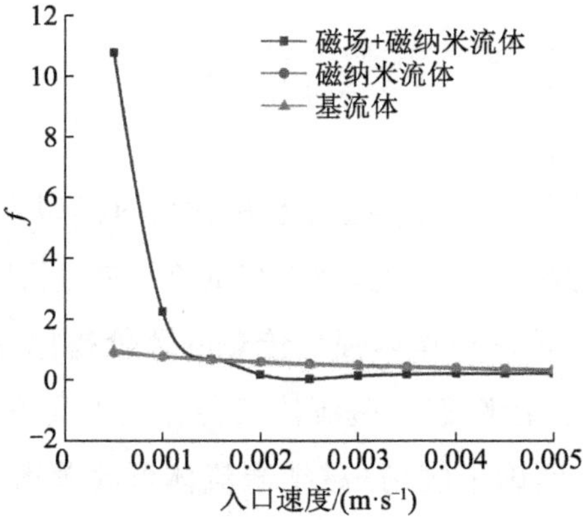

图 3-17　三种流体工况下微通道内阻力系数的变化情况

3．压降

图 3-18 为三种流体工况下微通道内的压降变化。由图 3-18 可知，未加磁场时，在低雷诺数下磁纳米流体和基流体的压降基本相同，随着雷诺数的增大，流场内压降逐渐增大，磁纳米流体的压降逐渐高于基流体，压降差递增。加入磁场后，当 $Re<15$ 时，磁纳米流体的压降大于无磁场的情况，之后随着 Re 的增大，微通道内压降先减小后增大，且始终小于无磁场的情况；当 $Re=26$ 时，压降达到最小值。

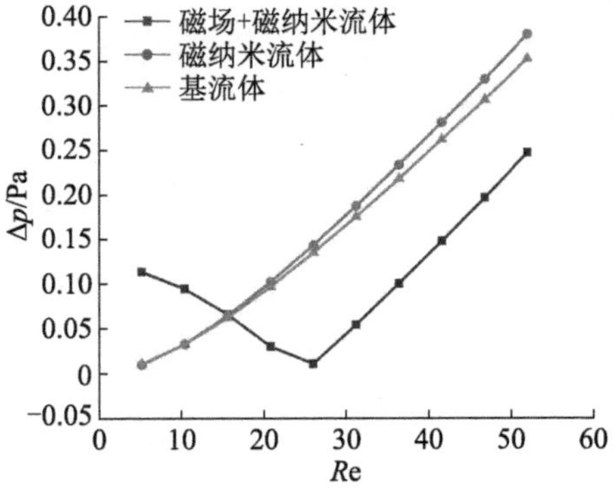

图 3-18　三种流体工况下微通道内的压降变化

3.5 本章小结

本章从物理量和无量纲参数指标的角度对模型分别进行了网格无关性验证和公式验证，并将计算结果与试验结果进行对比，确保计算模型的可靠性；确立了微通道内强化传热的评价指标，在此基础上对磁场+磁纳米流体、磁纳米流体、基流体三种介质工况下的流动与传热特性进行综合分析，明确了磁场+磁纳米流体可改善微通道内的换热水平，具有更优良的换热均匀性和更高的换热效率。上述研究确保了计算模型的准确性和其潜在价值，为后续研究工作的开展奠定了基础。

第 4 章　磁场条件下磁纳米流体传热特性分析

微通道内的温度变化情况可以直观地反映流体域的传热条件，而流场的分布对温度场的变化有着十分重要的影响。因此，本章主要通过在磁场条件下微通道内磁纳米流体的流场和温度场的变化综合分析其传热特性，并结合对流换热系数和努塞尔数直观地反映对流传热效率。

4.1　磁场条件下微通道内磁纳米流体传热特性的影响因素

4.1.1　磁场位置的影响

磁场位置决定了磁场的影响区域和磁纳米流体在微通道内不同阶段的换热进程。入口位置存在入口效应，充分发展流动阶段的流场存在差异，磁纳米流体在微通道内初始参与换热和参与换热一段时间后的热灵敏度存在差异，在加入磁场后磁场对上述不同情况的耦合会出现不同形式的反应。因此，为探究在上述耦合形式下磁纳米流体表现的传热特性，对磁场位置的研究很有必要。

1. 流场特性分析

不同入口流速下不同磁场位置的流场特性如图 4-1 所示。由图 4-1 可知，随着入口流速的增大，磁纳米流体受磁场的影响逐渐减小，磁场区域下的速度核心减小，区域流态逐渐平整，头部与尾部流场范围逐渐缩小。在同一入口流速下，磁场位置在入口处流场范围和速度核心最小。随着磁场位置逐渐向流场内部移动，磁场区域流场尾迹逐渐发展，当磁场位置中心移动到 $x_0=8$ mm 后，磁场位置的变化对磁纳米流体的影响趋于稳定。

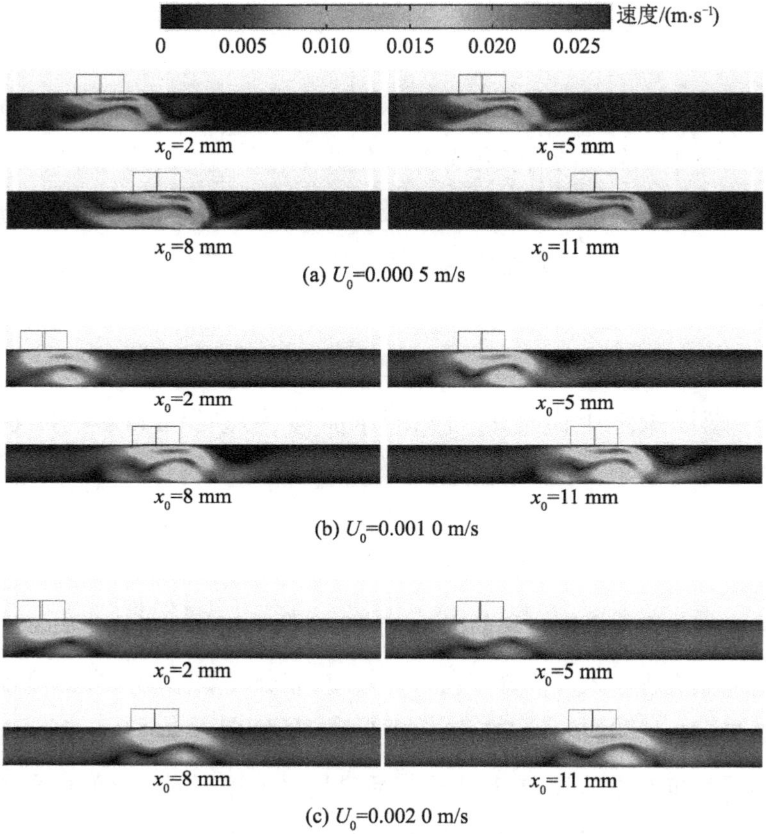

图 4-1　不同入口流速下不同磁场位置的流场特性

在三种入口流速下不同磁场位置的速度变化情况如图 4-2 所示。由图 4-2 可明显看出，当 U_0 为 0.000 5 m/s 和 0.001 0 m/s 时，磁场位置越靠后，速度波峰值越高；当 $U_0=0.002\ 0$ m/s 时，由于受磁场力约束减弱，不同磁场位置的速度波峰值趋于相同。

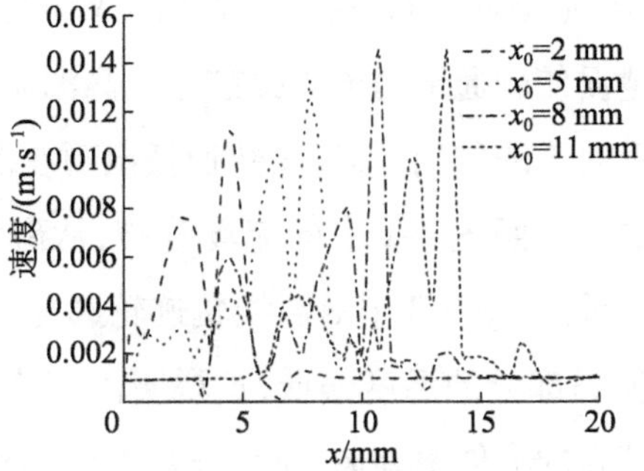

(a) U_0=0.000 5 m/s

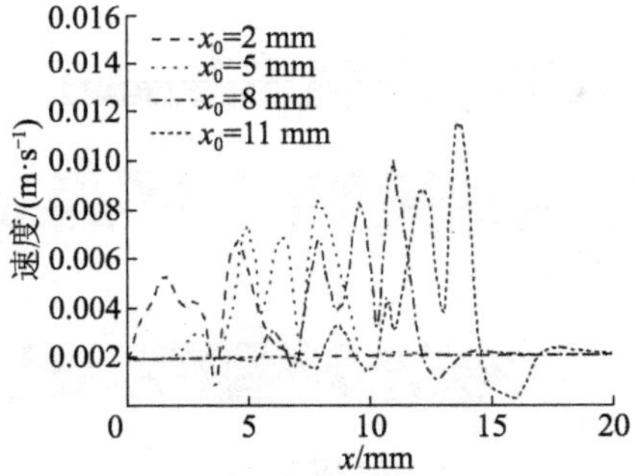

(b) U_0=0.001 0 m/s

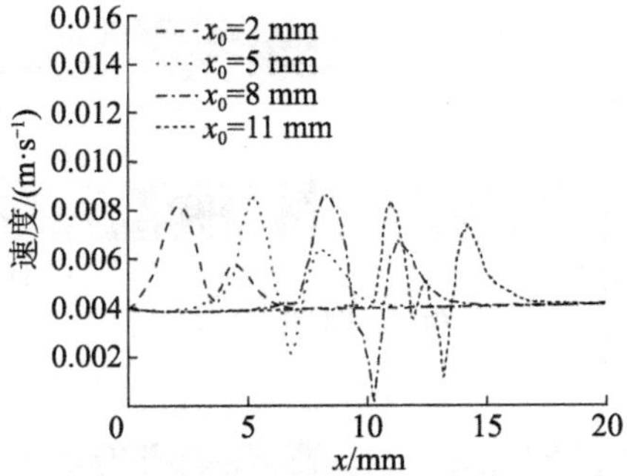

(c) U_0=0.002 0 m/s

图 4-2　三种入口流速下不同磁场位置的速度变化情况

2. 温度场分析

不同入口流速下不同磁场位置的温度场特性如图 4-3 所示。整体来看，随着入口流速的增大，微通道内磁纳米流体的换热程度明显降低，磁场位置区域出现较明显的热扰动，磁场位置越远离入口，其造成的传热强化作用越促使微通道内流体提前进入高温阶段。但发现在磁场影响区域内由于涡流的作用，其较高热通量出现在磁场位置之前，流体换热量迅速增加。对照图 4-1 中的流场分布，从磁场影响区域的温度变化状态可明显看出，图 4-3 中等温线轨迹轮廓与速度场流态相似，且在同一区域下流态部分的温度偏低，这说明由于流场较高的流速及涡流强度带来了较高的流体更新率，单位体积的流体热通量减小，而单位时间的总换热量增大，进而强化了微通道内流体的传热。

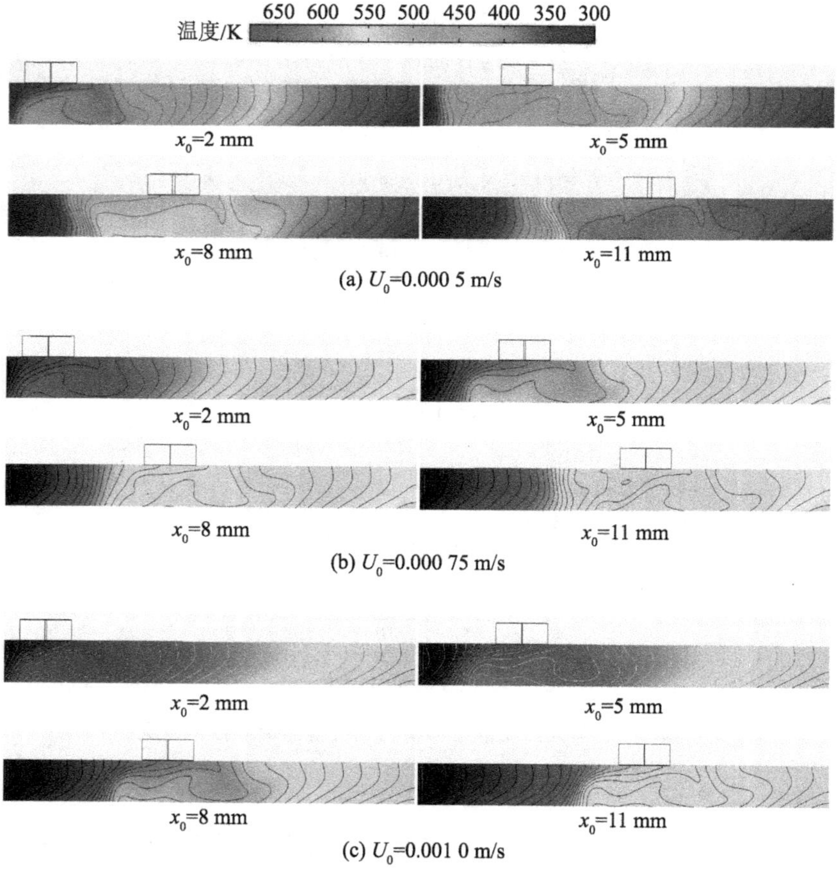

图 4-3　不同入口流速下不同磁场位置的温度场特性

不同入口流速下不同磁场位置 Z 的温度变化情况如图 4-4 所示。

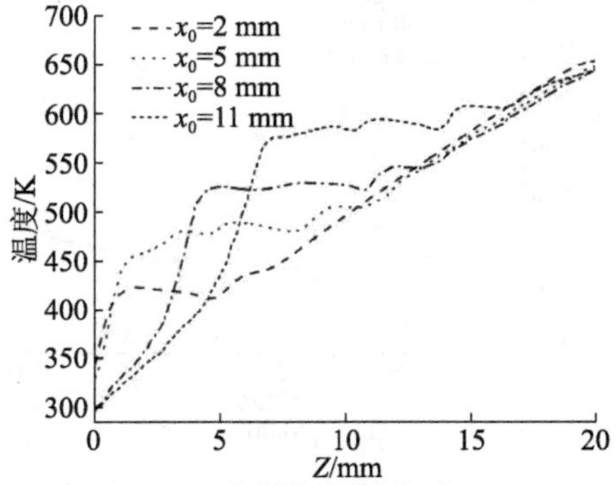

(a) U_0=0.000 5 m/s

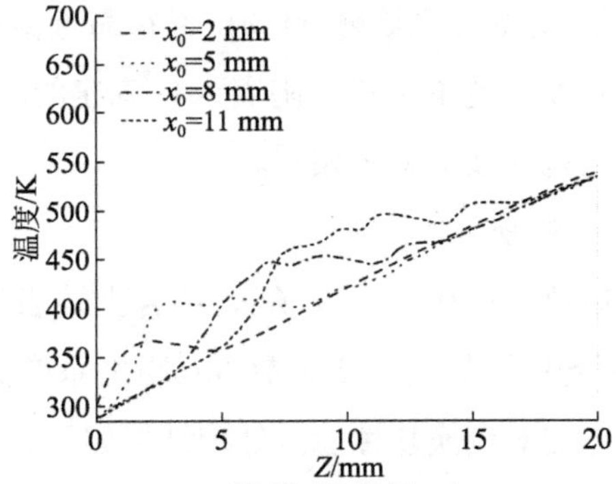

(b) U_0=0.000 75 m/s

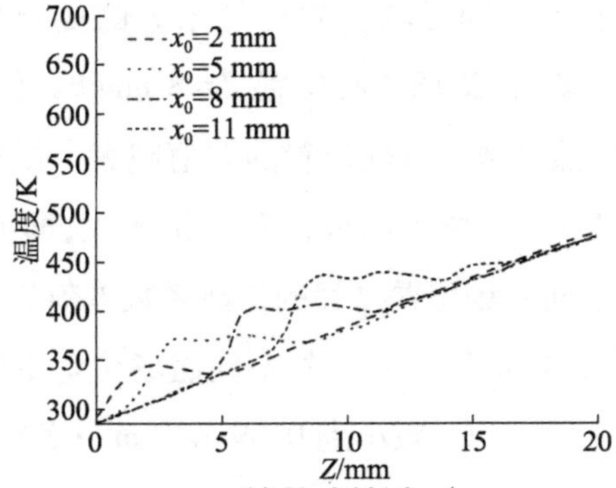

(c) U_0=0.001 0 m/s

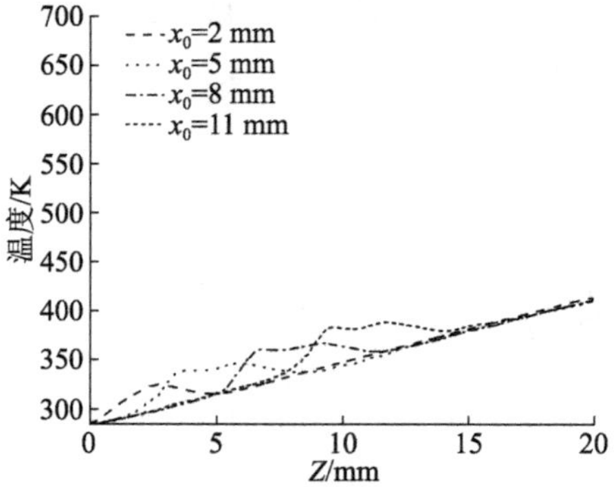

(d) U_0=0.001 5 m/s

图 4-4　不同入口流速下不同磁场位置的温度变化情况

由图 4-4 可知,受磁场的影响,磁场位置在靠近微通道入口处出现的温度波动幅度和波动范围最小。随着入口流速的增大,不同磁场位置造成的温度变化差异逐渐趋于相同。

3. 对流换热性能分析

综合分析微通道内流场和温度场后,结合上述表现特征通过分析不同磁场位置的传热系数 h、努塞尔数 Nu、阻力系数 f,进一步研究该工况下磁纳米流体的对流换热性能。处理结果如下。

(1) 传热系数 h

不同入口流速下不同磁场位置传热系数的变化情况如图 4-5 所示。从图 4-5 中可知,在磁场中心位置 $Z=8$ mm 时,传热系数最大,且 U_0 越小,该处的传热系数与其他位置的差值越大。微通道内各磁场位置的传热系数随着 U_0 的增大而近似等比例增大,即 h 与 U_0 成正比。随着 U_0 的增大,不同磁场位置之间的传热系数差值逐渐减小,当 U_0 从 0.000 5 m/s 增大到 0.002 0 m/s 时,不同磁场位置下的最大传热系数差值则从 1.20 W/(m^2 · K)减小到 0.09 W/(m^2 · K)。

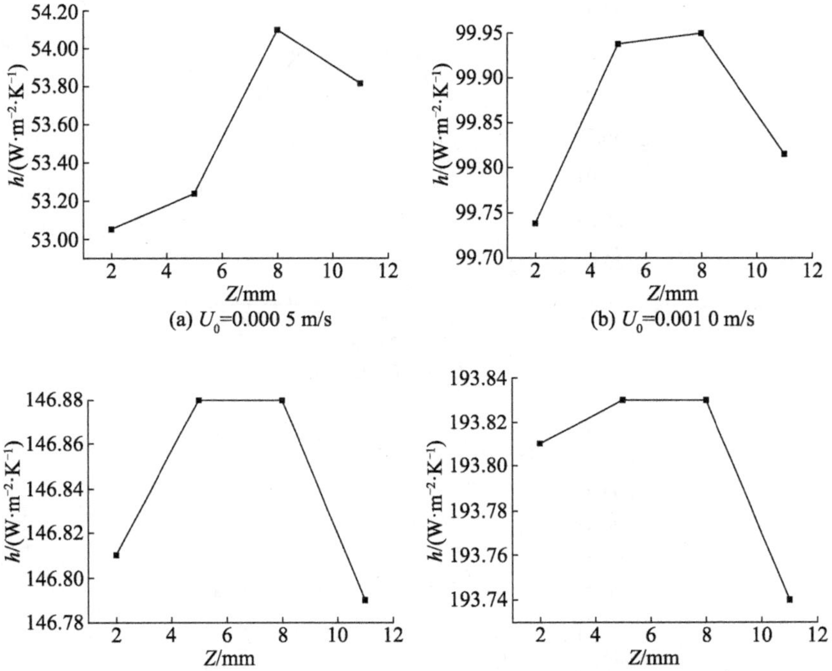

(a) U_0=0.000 5 m/s　(b) U_0=0.001 0 m/s

(c) U_0=0.001 5 m/s　(d) U_0=0.002 0 m/s

图 4-5　不同入口流速度下不同磁场位置传热系数的变化情况

（2）努塞尔数 Nu

不同入口流速下不同磁场位置的努塞尔数的变化情况如图 4-6 所示。

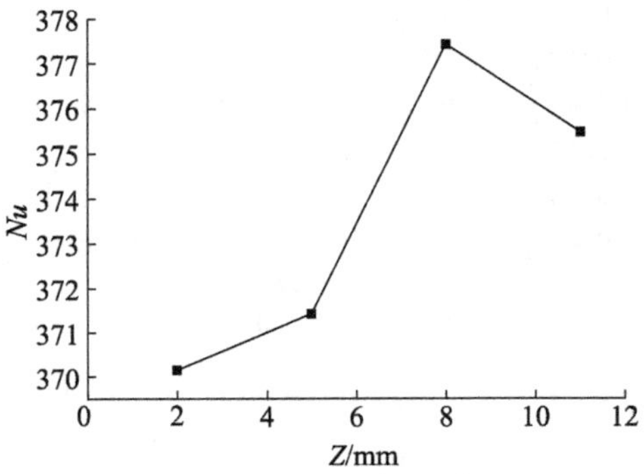

(a) U_0=0.000 5 m/s

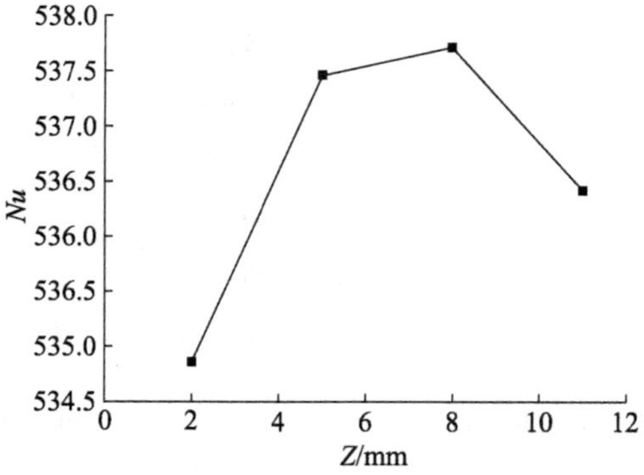

(b) U_0=0.000 75 m/s

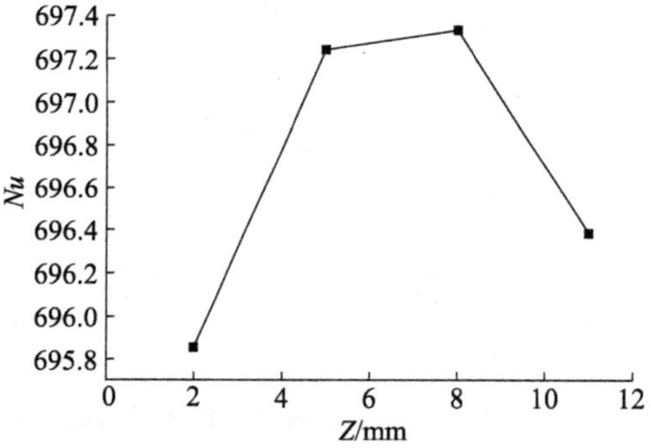

(c) U_0=0.001 0 m/s

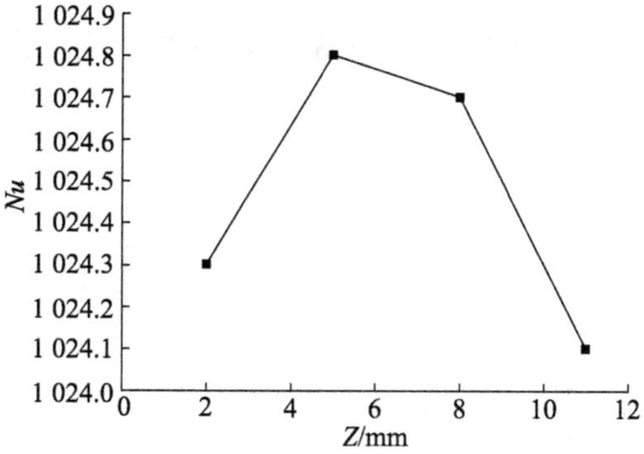

(d) U_0=0.001 5 m/s

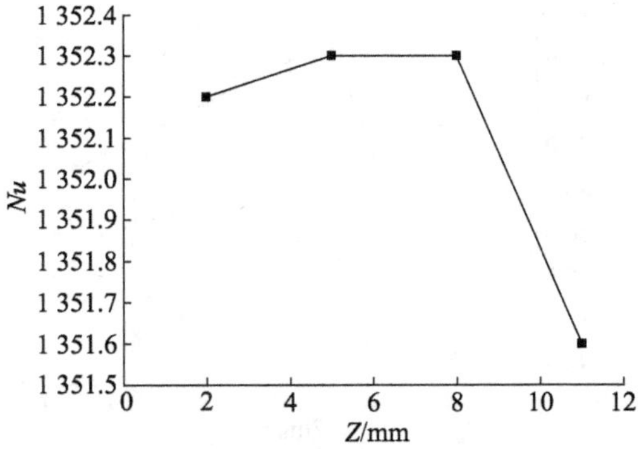

(e) U_0=0.002 0 m/s

图 4-6　不同入口流速下不同磁场位置努塞尔数的变化情况

由 4-6 图可知，努塞尔数最大的位置仍位于 $Z=8$ mm 附近，当 $U_0 \leqslant 0.001\,0$ m/s 时，磁场位置靠近微通道入口处努塞尔数最小；当 $U_0 \geqslant 0.001\,5$ m/s 时，磁场位置远离微通道入口处努塞尔数最小。不同磁场位置下努塞尔数随入口流速的增大而增大，其变化规律与传热系数相同。

（3）阻力系数 f

不同入口流速下不同磁场位置阻力系数的变化情况如图 4-7 所示。

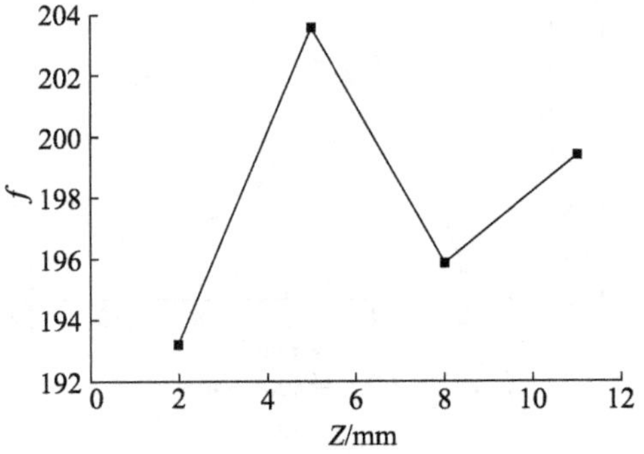

(a) U_0=0.000 5 m/s

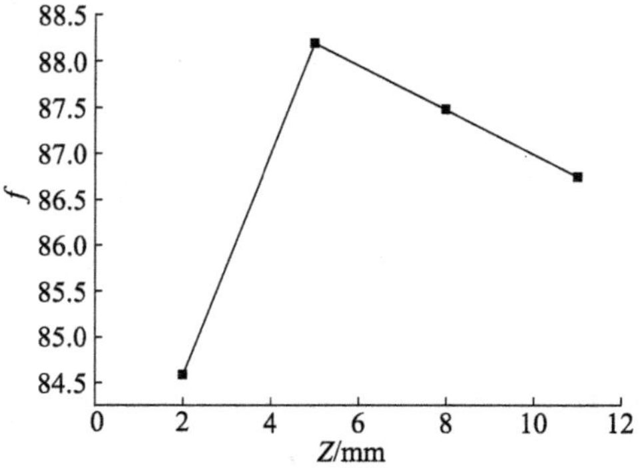

(b) U_0=0.000 75 m/s

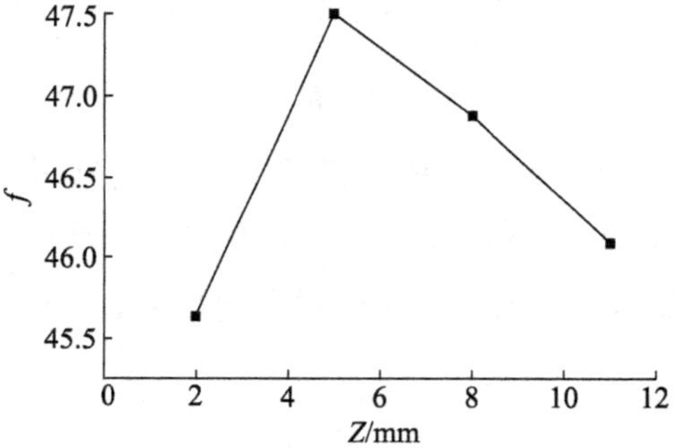

(c) U_0=0.001 0 m/s

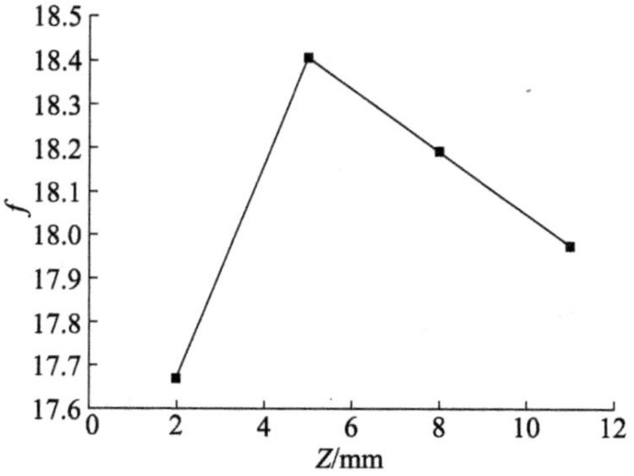

(d) U_0=0.001 5 m/s

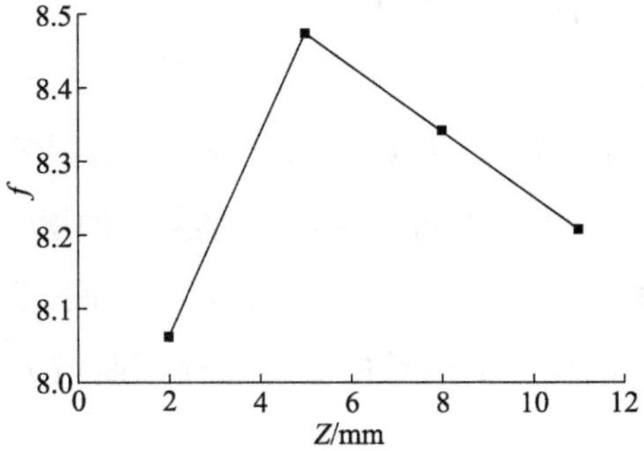

(e) U_0=0.002 0 m/s

图 4-7　不同入口流速下不同磁场位置阻力系数的变化情况

由图 4-7 可知,在各流速条件下,磁场位置 $Z=5$ mm 处阻力系数达到最大值,而$Z=2$ mm 处阻力系数最小。阻力系数与入口流速成反比,且阻力系数 f 的变化率远大于 U_0。当 U_0 从 0. 000 5 m/s 增大到 0. 002 0 m/s 时,各磁场位置的阻力系数 f 从 200 减小到 8. 3 左右。

终上所述,本研究分析了微通道内磁纳米流体的传热特性,讨论了单磁场位置的影响,得出的主要结论如下:

① 不同磁场位置的速度场存在差异,主要与微通道内的流场是否充分发展有关,流场发展越充分,受磁场的影响越显著。

② 温度场变化主要受速度场流态的影响,磁场位置对流场的作用决定了微通道内温度的波动位置和范围。

③ 当单磁场作用于流场完全发展位置处($Z=8$ mm)时,微通道内努塞尔数 Nu 和传热系数 h 最大,阻力系数 f 较小。

4.1.2　磁场强度的影响

磁场强度主要影响施加在磁纳米流体上的磁场力作用。在同一磁场强度下,微通道内不同入口速度对应了磁场区域下不同流态的变化。本小节在不同入口流速下改变磁场强度,通过研究各个工况下微通道内磁纳米流体的流场、温度场及综合对流传热性能,进一步探究不同磁场强度与入口流速的相互作用关系。

1. 流场分析

图 4-8 为入口流速 $U_0=0.0005$ m/s 时不同磁场强度下微通道内流场的变化情况。由图 4-8 可知,随着磁场强度的增强,磁纳米流体所受磁场力不断增强,磁场范围不断扩大,即在磁场强度由 0.5 T 增大到 4.0 T 的过程中,磁场影响区域的流体流速不断增大,流态尾流不断延长。

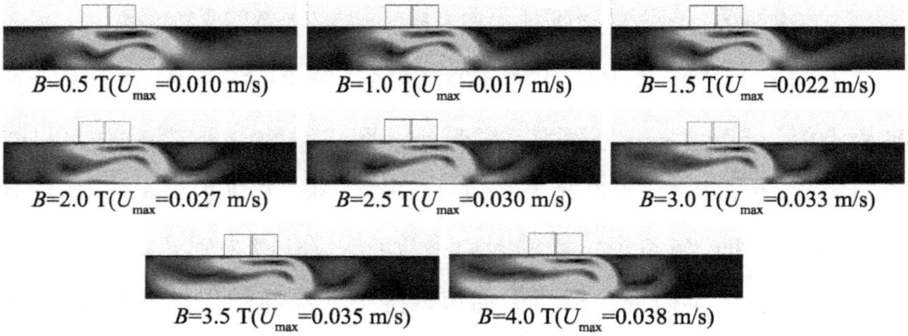

图 4-8　$U_0=0.0005$ m/s 时不同磁场强度下微通道内流场的变化情况

图 4-9 为不同入口流速下不同磁场强度时微通道内流场的变化情况。由图 4-9 可知,在同一入口流速下,随着磁场强度的增强,流场的变化规律与图 4-8 的表现一致。在同一磁场强度下,入口流速增大与磁场强度降低表现出相同的流态变化,其根本原因是磁场力对磁纳米流体的作用效果减弱。在图 4-9 所示工况的流场变化中,工况组 1:$U_0=0.0005$ m/s,$B=0.5$ T 与 $U_0=0.001$ m/s,$B=0.5$ T;工况组 2:$U_0=0.0005$ m/s,$B=0.5$ T 与 $U_0=0.001$ m/s,$B=1.5$ T;工况组 3:$U_0=0.002$ m/s,$B=2.5$ T 与 $U_0=0.003$ m/s,$B=3.5$ T,这三组工况中,每组的两种工况下流场的变化情况基本相同,即磁场强度变化与入口流速变化产生的影响相同。也就是说,两者的不同参数组合产生的综合效果是可以相同的。

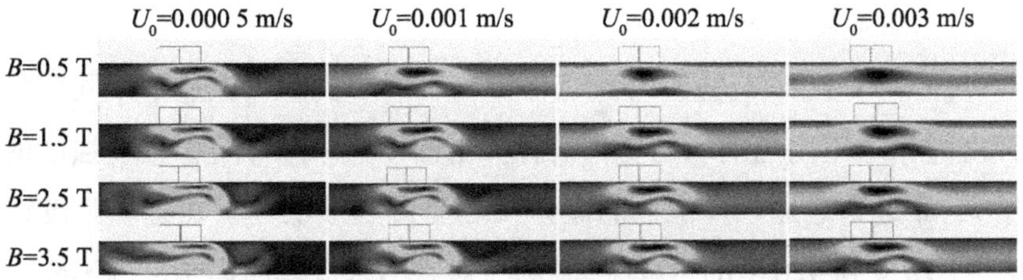

图 4-9　不同入口流速下不同磁场强度时微通道内流场的变化情况

不同入口流速下不同磁场强度时流体速度的变化情况如图 4-10 所示。由图 4-10 可知,受磁场的影响,磁纳米流体的主要速度峰值均出现在 $x=4\sim8$ mm 范围内,各磁场强度下峰值出现的坐标位置基本一致,且磁场强度越强,流体的速度变化峰值越大。当磁场强度越大,入口流速越小时,磁纳米流体所受磁力的影响范围越大,表现越明显。当 $U_0=0.000\ 5$ m/s,$B=4.0$ T 时,磁纳米流体在微通道入口处就表现出了剧烈的速度波动。

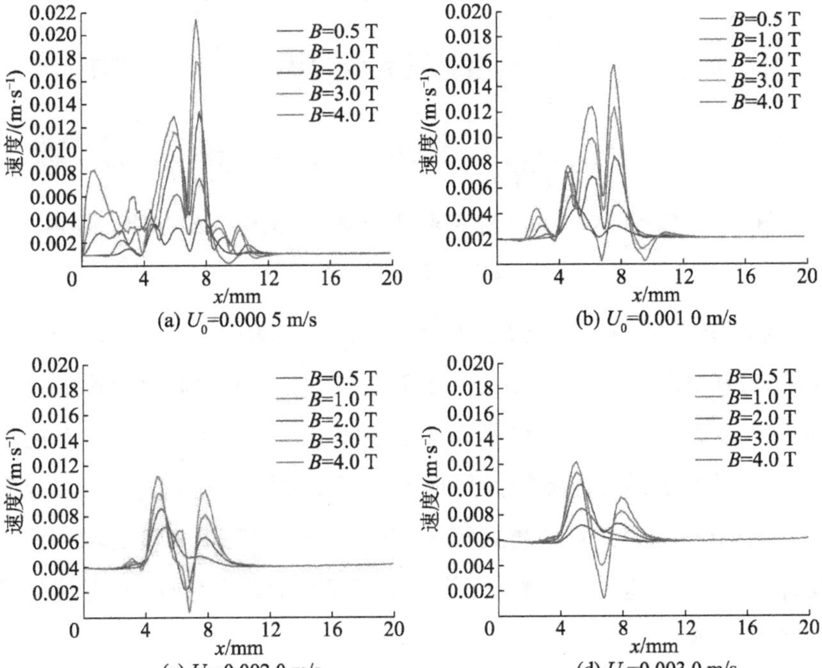

(a) U_0=0.000 5 m/s　(b) U_0=0.001 0 m/s
(c) U_0=0.002 0 m/s　(d) U_0=0.003 0 m/s

图 4-10　不同入口流速下不同磁场强度时微通道内流体速度的变化情况

2. 温度场分析

图 4-11 为入口流速 $U_0=0.0005$ m/s 时不同入口流速下不同磁场强度时微通道内温度场的变化情况。由图 4-11 可知,随着磁场强度的增大,靠近微通道入口位置的流体换热受影响最明显。在磁场强度由 0.5 T 增大到 4.0 T 的过程中,磁场力对磁纳米流体的影响范围不断扩大,向微通道左侧延伸,使得靠近入口位置的磁纳米流体提前受到磁场力的作用,引起轻微扰流,从而提高了内部流体与微通道边界的对流热通量及换热的均匀性。微通道入口处的初始温度随着磁场强度的增大而不断升高,离开磁场区域后,各工况下流体温度的分布基本相同。

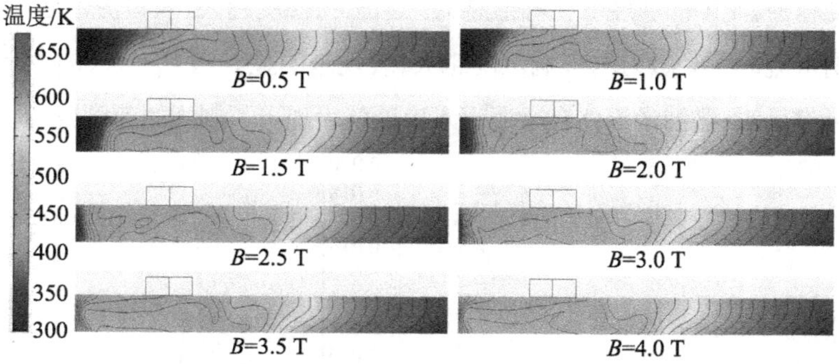

图 4-11　$U_0=0.0005$ m/s 时不同入口流速下不同磁场强度时微通道内温度场的变化情况

温度场分析时分别取 $U_0=0.0005$ m/s,0.0010 m/s,0.0015 m/s 工况,分析磁场强度 $B=0.5$ T,1.5 T,2.5 T,3.5 T 时微通道内温度场的变化情况,结果如图 4-12 所示。由图 4-12 可知,随着入口流速的增大,单位体积磁纳米流体的换热量出现明显减弱。在不同入口流速工况下,靠近微通道入口位置处流体的温度仍随着磁场强度的增强而升高,但受入口流速增大的影响,单位体积流体的热通量减小,温度的升高受到抑制。

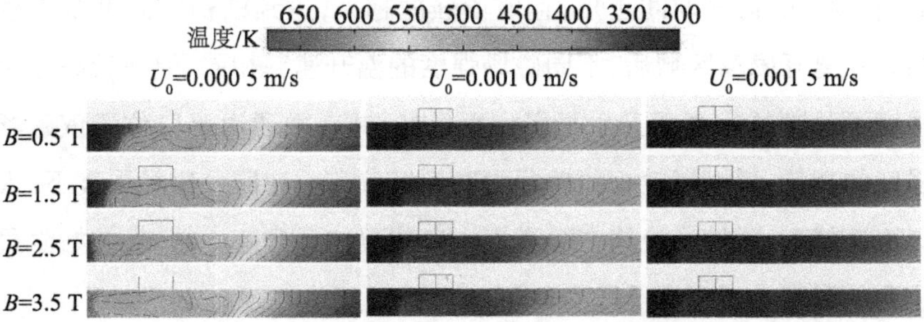

图 4-12　不同入口流速下不同磁场强度时微通道内温度场的变化情况

不同入口流速下不同磁场强度时微通道内温度的变化情况如图 4-13 所示。

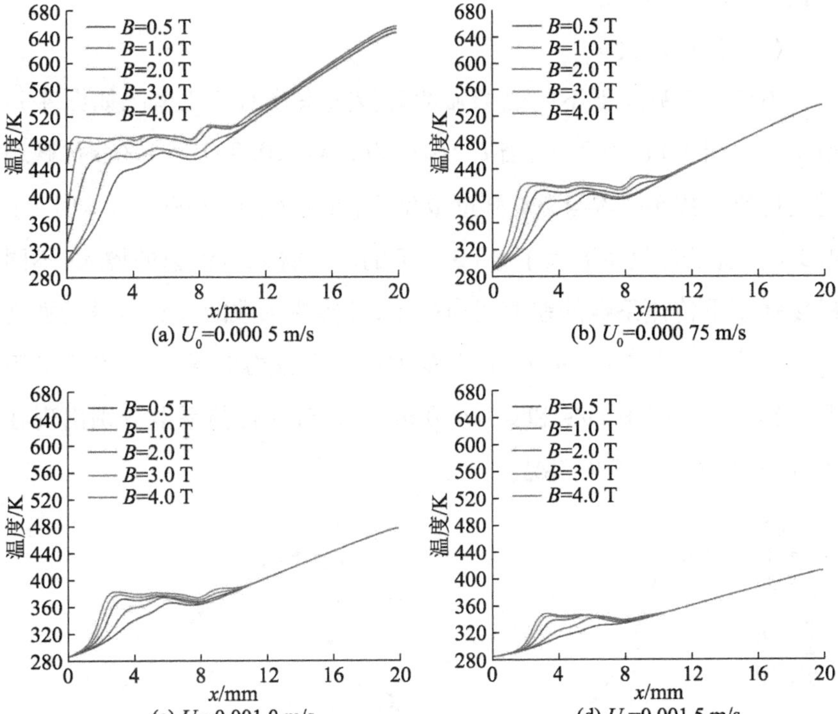

(a) U_0=0.000 5 m/s　(b) U_0=0.000 75 m/s　(c) U_0=0.001 0 m/s　(d) U_0=0.001 5 m/s

图 4-13　不同入口流速下不同磁场强度时微通道内温度的变化情况

由图 4-13 可知，当 $U_0=0.0005$ m/s 时，磁场强度越大，温度曲线的斜率越大，温升时间越短，且磁场强度越大，达到的初始温度水平越高。在离开磁场区域后，不同磁场强度的温升速率相同，但在较高磁场强度下达到的较高温升水平仍一直保持，并在微通道出口位置依磁场强度的高低，温度以较小的差距由高到低分布。在同一磁场强度下，入口流速越高，磁纳米流体在微通道入口位置的温升速率越慢，初始阶段达到的温度水平也越低。

3. 对流传热特性分析

为了进一步研究磁场强度对微通道内磁纳米流体对流传热性能的影响，本研究分析了不同入口流速下不同磁场强度下传热系数 h、努塞尔数 Nu 的变化情况。

（1）传热系数 h

不同入口流速下不同磁场强度时传热系数的变化情况如图 4-14所示。由图 4-14a，b 可知，当 $U_0=0.000\ 5$ m/s，0.000 75 m/s 时，微通道内传热系数 h 基本与磁场强度成反比，仅在 $U_0=0.000\ 5$ m/s 时 $B=4.0$ T 工况的传热系数大于 $B=3.5$ T 的。随着入口流速的增大，不同磁场强度下传热系数的差值逐渐缩小，且传热系数的大小与磁场强度不再成反比。由图 4-14c，d 可知，最大传热系数均出现在 $B=0.5$ T 工况，当 $U_0=0.001\ 0$ m/s 和 0.002 0 m/s 时，最大传热系数分别出现在 $B=1.0$ T 和 $B=2.5$ T 工况。

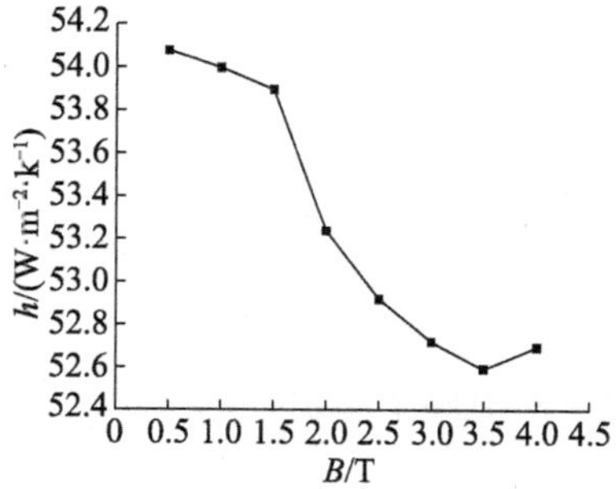

(a) U_0=0.000 5 m/s

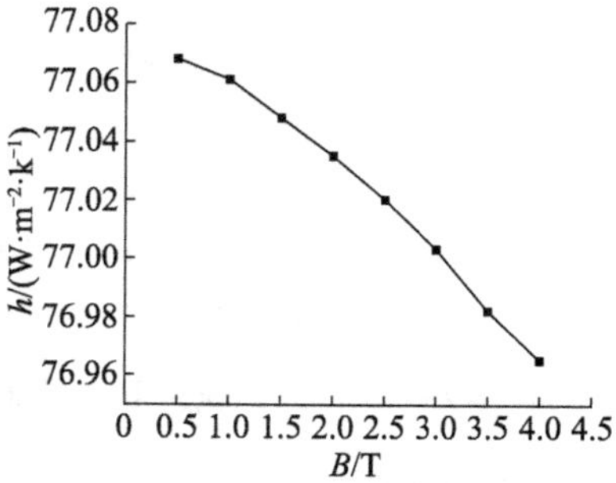

(b) U_0=0.0007 5 m/s

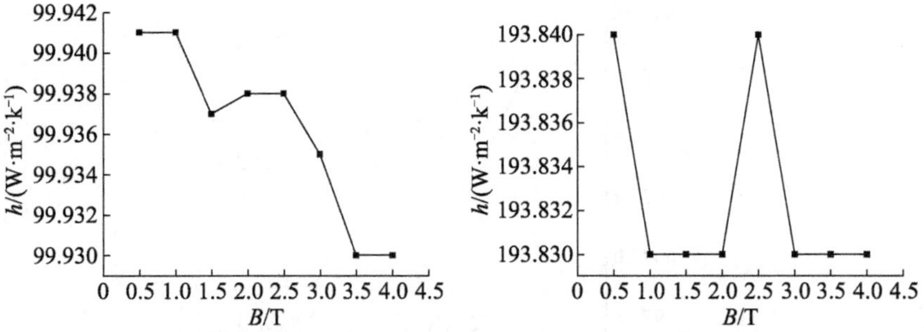

(c) U_0=0.001 0 m/s　　(d) U_0=0.002 0 m/s

图 4-14　不同入口流速下不同磁场强度时微通道内磁纳米流体传热系数的变化情况

（2）努塞尔数 Nu

不同入口流速下不同磁场强度时微通道内的努塞尔数的变化情况如图 4-15 所示。

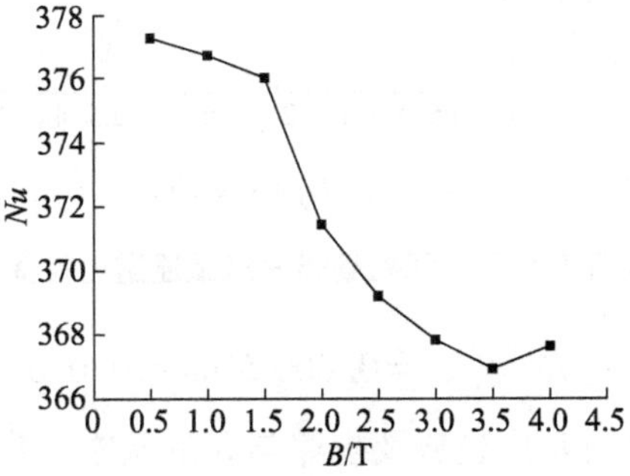

(a) U_0=0.000 5 m/s

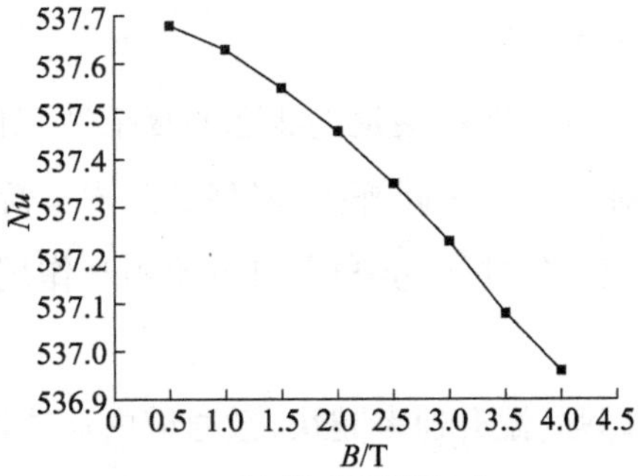

(b) U_0=0.000 75 m/s

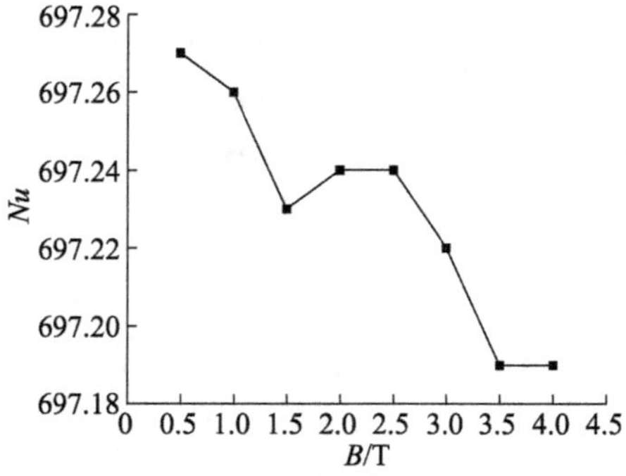

(c) U_0=0.001 0 m/s

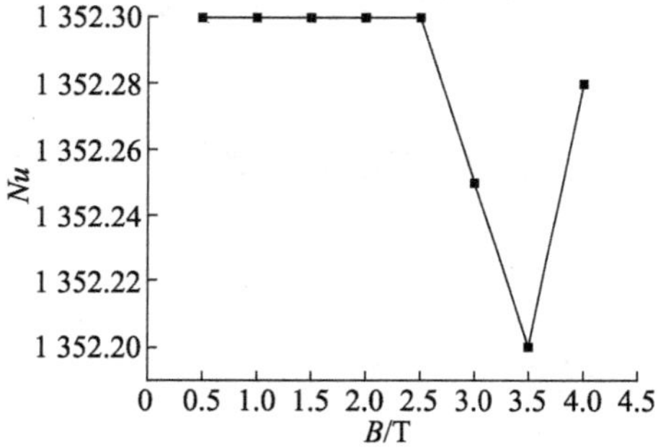

(d) U_0=0.002 0 m/s

图 4-15　不同入口流速下不同磁场强度时微通道内努塞尔数的变化情况

由图 4-15a，b 可知，当 $U_0 = 0.000\ 5$ m/s，0.000 75 m/s 时，微通道内 Nu 随磁场强度的变化趋势及规律与 h 的基本一致。

综上所述，本研究分析了磁场强度对微通道内磁纳米流体传热特性的影响，主要结论如下：

① 磁场强度主要影响微通道内流态的复杂性和覆盖范围，且磁场强度与入口流速对流态存在同等的替代效应，入口流速变化会相应地增强或减弱磁场，不同磁场强度和入口流速相互作用可得到相应的流场分布。

② 磁场强度越强，温升速率越快，微通道内流体换热越充分，且磁场强度主要影响磁场区域的前半段，对后半部分的影响较小。

③ 努塞尔数 Nu 与传热系数 h 在不同入口流速下出现最大值、最小值位置对应的磁场强度不同，不同的流速工况需调整到合理的磁场强度。

4.1.3　磁纳米流体体积分数的影响

1. 流场分析

不同磁场强度与磁纳米流体体积分数的耦合关系对微通道内流场分布的影响如图 4-16 至图 4-18 所示。由图 4-16 至图 4-18 可知，随着磁场强度的不断增强，各体积分数下磁纳米流体在磁场位置处的速度峰值逐渐增大，产生的流速波动情况逐渐趋于复杂，且以磁场位置为中心，磁场区域的速度出现波动的横向范围逐渐扩大，但随着入口流速的增大，相同工况下达到的速度峰值呈现出先减小后增大的情况。这主要由于当入口流速较低，即 $U_0 = 0.000\ 5$ m/s，0.001 0 m/s 时，影响速度峰值的主要因素为磁场力对磁纳米流体作用引起的速度梯度环量，随着入口流速的增大，磁场力效应减弱，引起的梯度环量减小，所以随入口流速的增大，速度最值反而减小。当 $U_0 = 0.002\ 0$ m/s 时，磁场力对磁纳米流体的影响进一步减弱，影响速度峰值的主要因素变为入口流速，故此时的速度峰值出现回升。

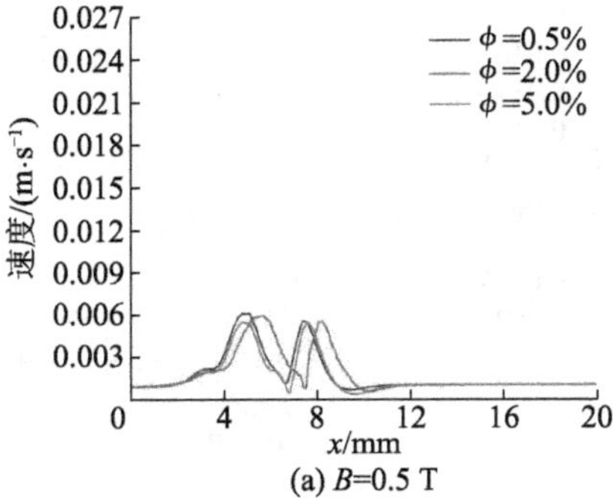

(a) B=0.5 T

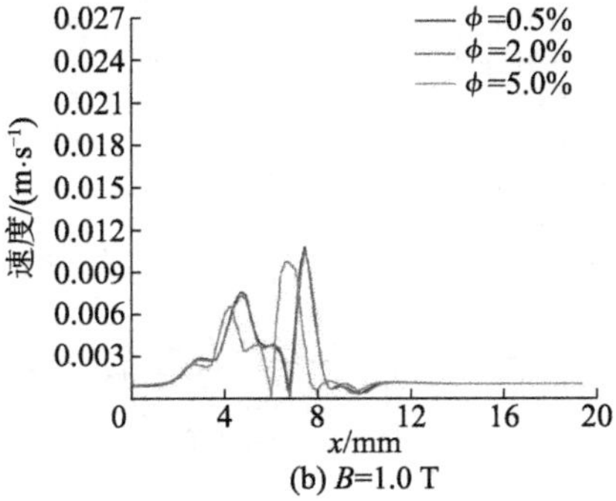

(b) B=1.0 T

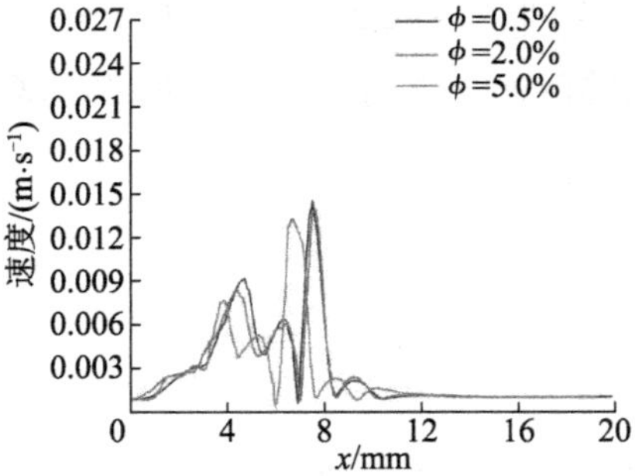

(c) B=1.5 T

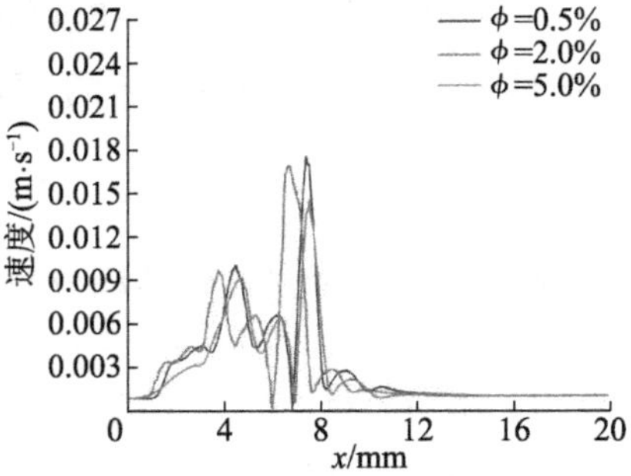

(d) B=2.0 T

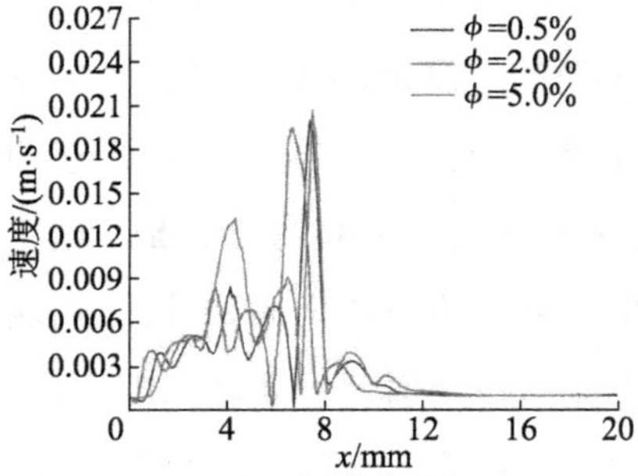

(e) B=2.5 T

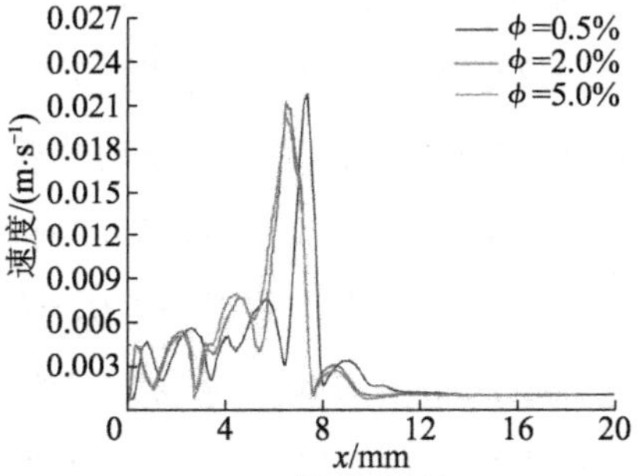

(f) B=3.0 T

图 4-16　U_0=0.000 5 m/s 时不同磁场强度不同体积分数下速度的变化情况

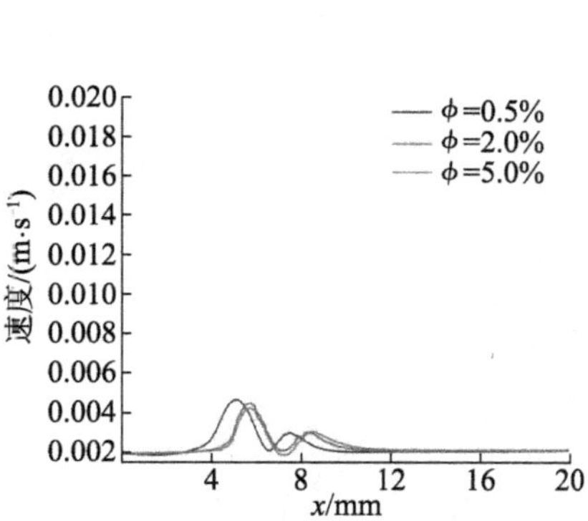

(a) B=0.5 T

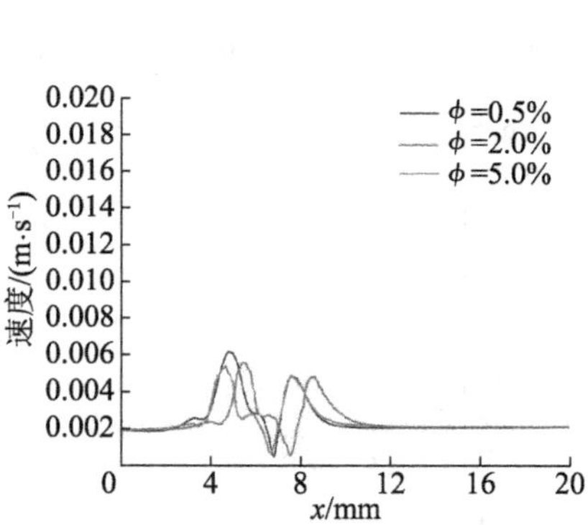

(b) B=1.0 T

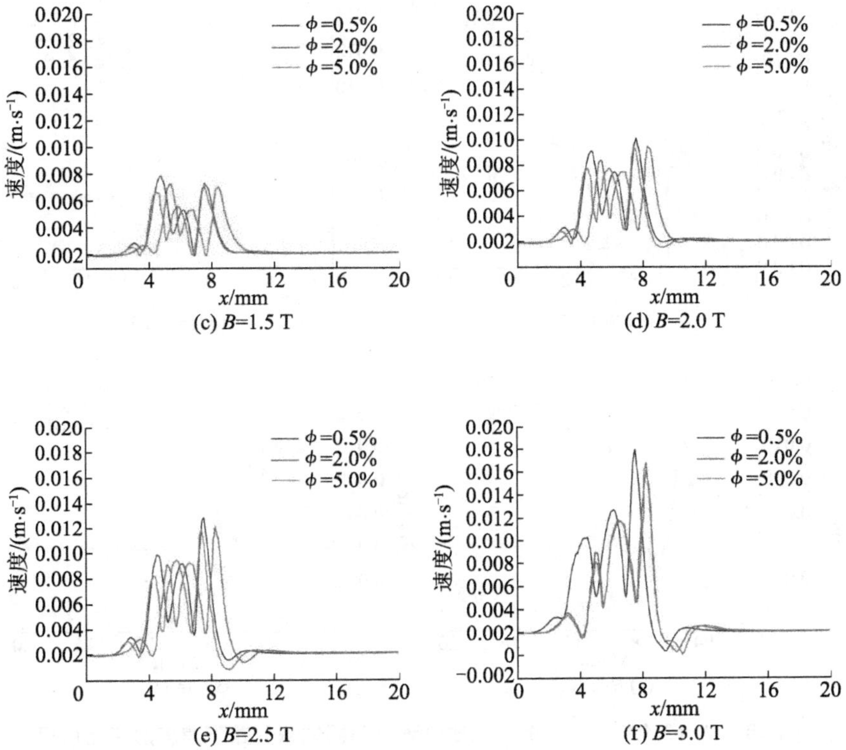

图 4-17　$U_0=0.0010\ m\cdot s^{-1}$ 时不同磁场强度不同体积分数下速度的变化情况

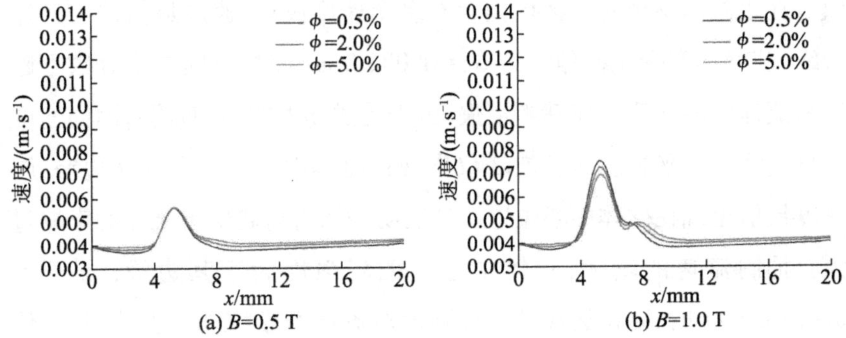

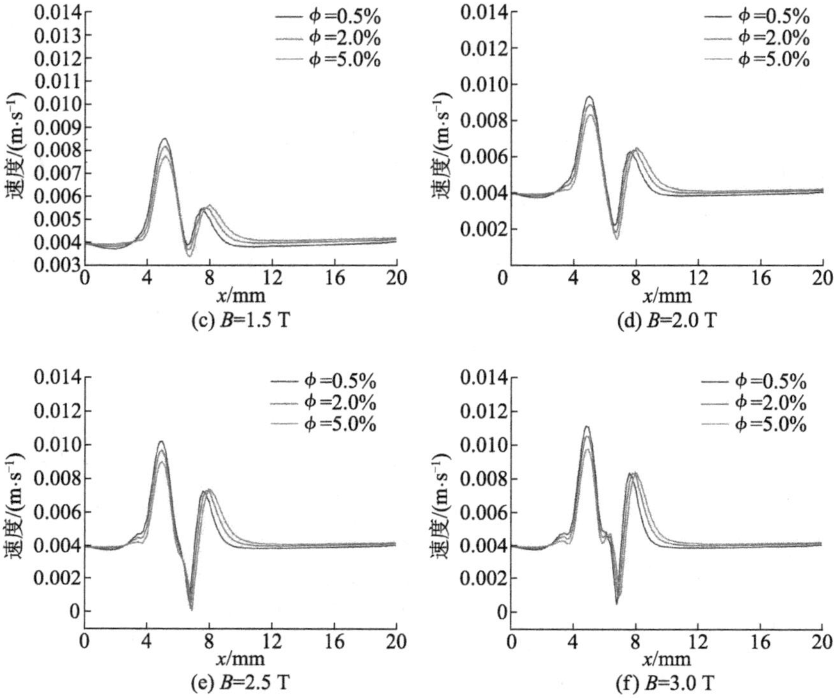

图 4-18　U_0=0.002 0 m/s 时不同磁场强度不同体积分数下速度的变化情况

当入口流速较低，即 U_0=0.000 5 m/s，0.001 0 m/s 时，磁纳米流体不同体积分数间的流速波动存在滞后，但速度变化曲线形态基本一致。在永磁体整个磁场区域内存在多个速度波峰，速度最值位于磁体边缘，速度梯度变化剧烈。当 U_0=0.002 0 m/s 时，不同体积分数下磁纳米流体间的滞后效应基本消失，由于受磁场力的影响减弱，因而速度变化曲线更加平整。速度波峰仅出现在磁体中心位置和磁体边缘处，速度最值出现在磁体中心位置。这表明磁场力对磁纳米流体的影响过大会抑制流速的增大，磁体中心的磁场强度大于其边缘，当 U_0=0.002 0 m/s 时，磁体区域的磁场强度对流体的影响进一步减弱，才使得磁体中心位置的流速大于磁体边缘。

在三种流速工况下，随着不同磁场强度的影响，磁纳米流体的体积分数越小，出现的速度波动的纵向范围往往越大，即出现的速度峰值越大，反之则速度峰值越小。这说明纳米流体的体积分数越大，其内部由纳米颗粒运动出现的布朗力越大，受磁场力的影响后与基流体相互作用时出现的滞后性和惯性力越明显，使得磁场区域磁纳米流体整体流速减小。离开磁场区域后，当 $U_0 = 0.0005$ m/s，0.0010 m/s 时，不同纳米流体体积分数的流速区别表现不明显；当 $U_0 = 0.0020$ m/s 时，体积分数越大的纳米流体流动速度越大，说明脱离磁场的影响后，纳米颗粒的增加对磁纳米流体的流速大小不再产生抑制作用，反而有促进作用。

2. *温度场分析*

为了进一步研究磁场强度与磁纳米流体体积分数的耦合关系，有必要对微通道内的温度变化情况进行分析。图 4-19 至图 4-21 所示为不同入口流速时不同磁场强度下不同体积分数流体的速度变化情况。由图 4-19 至图 4-21 可知，在同一入口流速和磁场强度下，磁纳米流体的体积分数越小，从流入微通道到离开磁场区域范围内的温升速率越快，短时间达到的温升水平往往越高，体积分数与温度水平成反比；但当离开磁场区域后，体积分数大的纳米流体在较短距离温度迅速小幅度迁跃，在之后的流动过程中各体积分数的纳米流体温升速率相同，但此时体积分数与微通道内温度水平成正比，体积分数越大，温度水平越高。这主要由于在上述流场分析中，磁纳米流体的体积分数越小，流速变化越剧烈，在磁场区域内温升最明显，但磁纳米颗粒的比热容远小于基流体，因此体积分数增大后，离开磁场区域后，在相同热通量条件下，体积分数越大，温升越明显。随着磁场强度的增大，从微通道入口到磁场区域范围的温升速率越快，不同体积分数磁纳米流体变化的区别越小，在此范围和微通道出口处达到的温度水平也越高。

随着入口流速的增大，在同一磁场强度下，不同体积分数磁纳米流体从微通道入口到磁场区域的温升范围减小,水平降低,不同体积分数纳米流体间的温度差异更加明显,其根本原因仍是入口流速增大而磁场力对磁纳米流体的影响减弱,使得不同体积分数纳米流体间的固有特性显现更加明显。

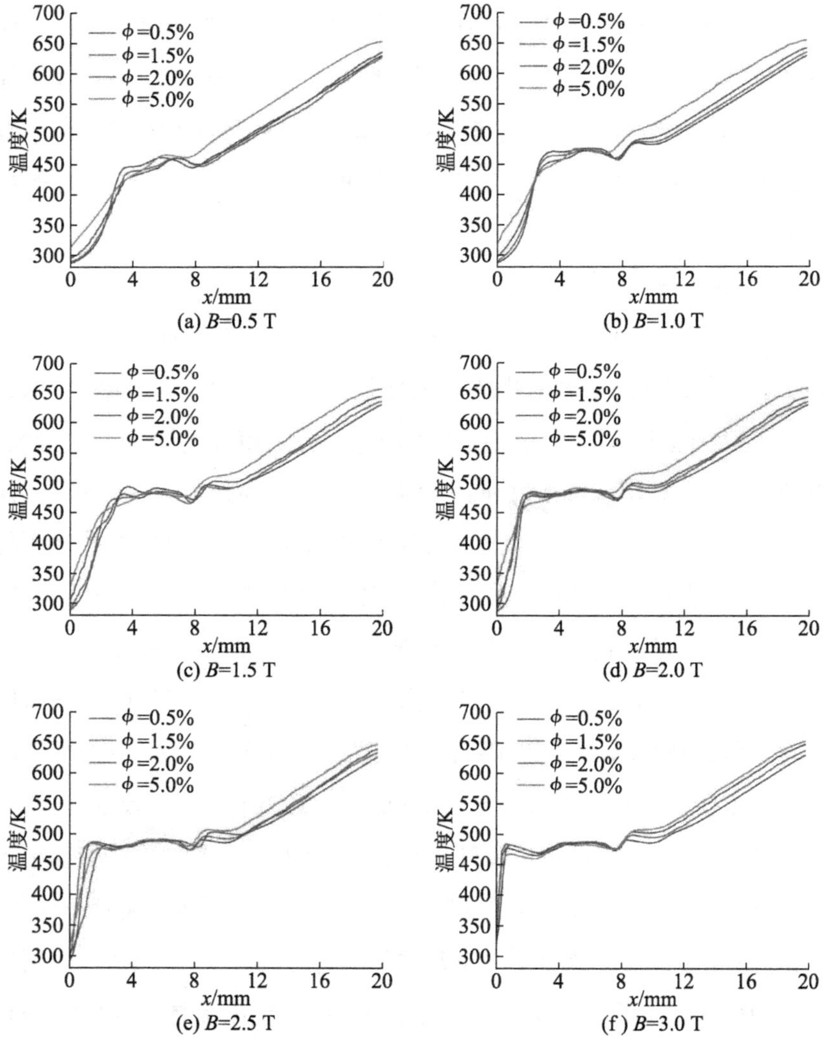

图 4-19　U_0 = 0. 000 5 m/s 时不同磁场强度下不同体积分数流体的温度变化情况

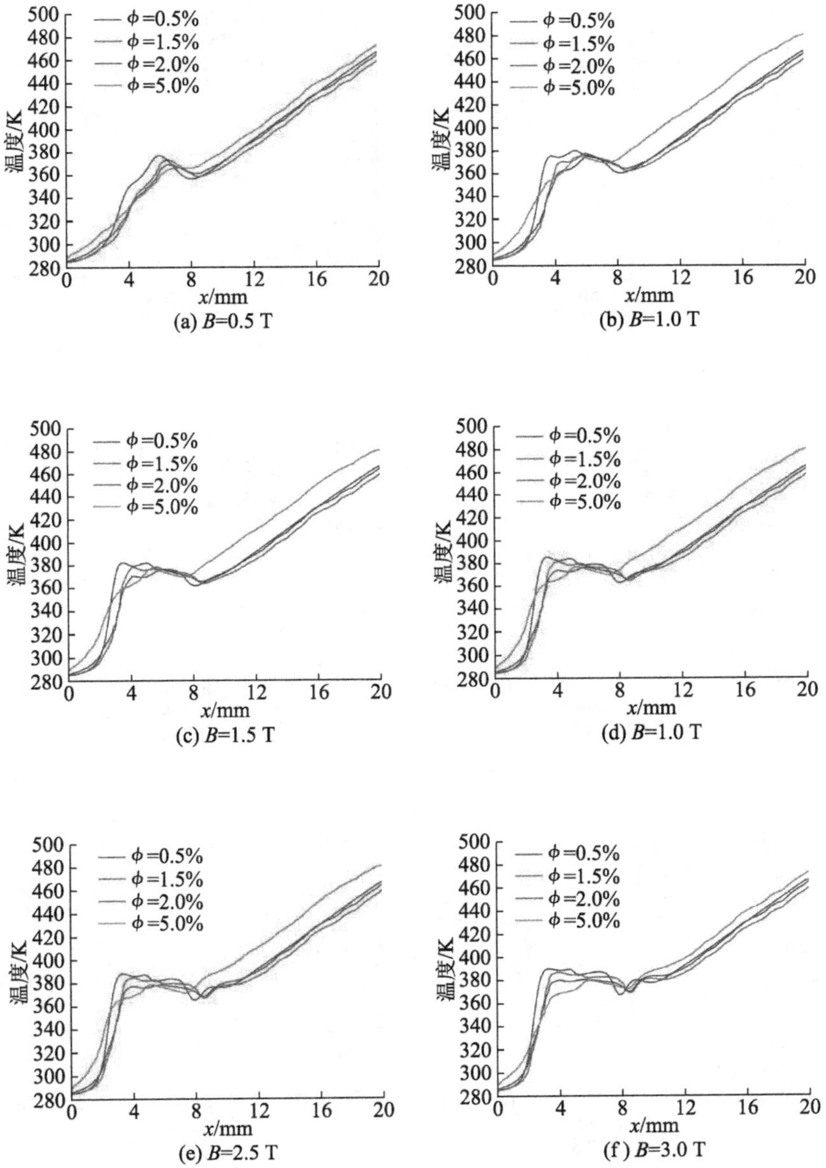

图 4-20　U_0=0. 001 0 m/s 时不同磁场强度下不同体积分数流体的温度变化情况

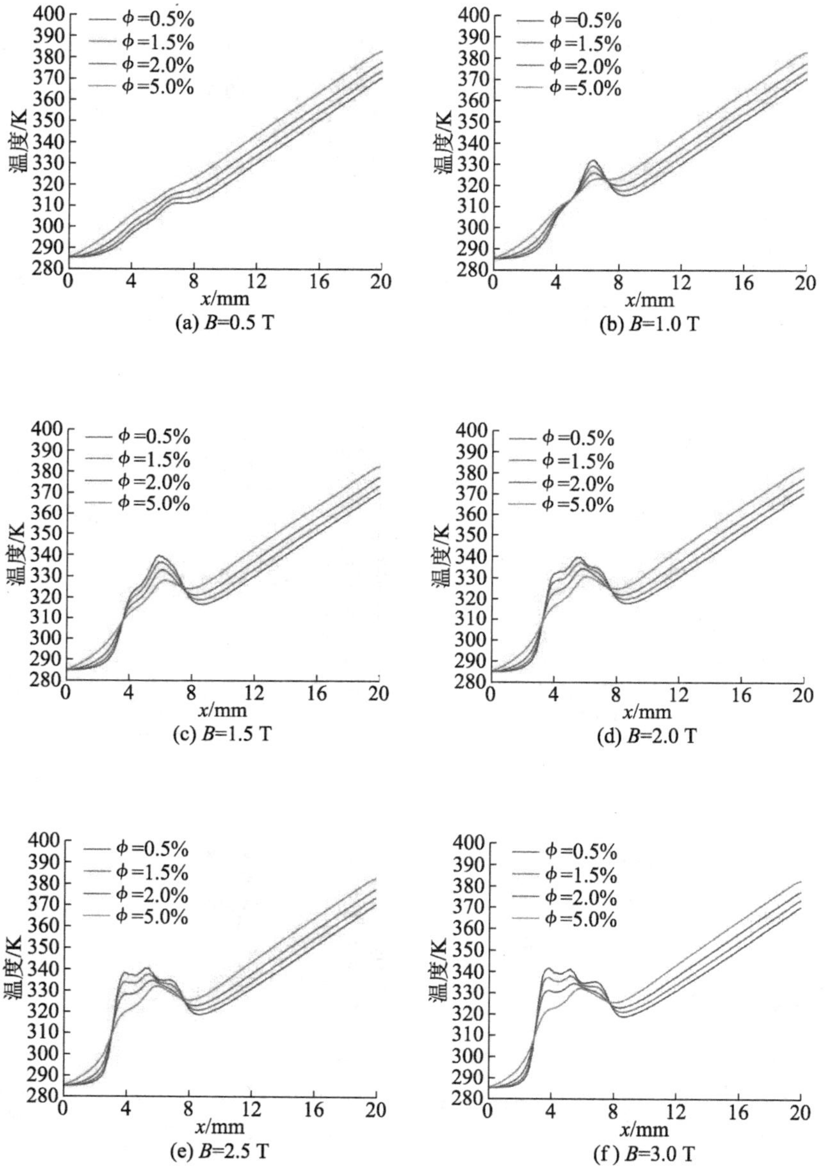

图 4-21　U_0 = 0. 002 0 m/s 时不同磁场强度下不同体积分数流体的温度变化情况

4.1.4　热通量分析

1. 传导热通量分析

不同体积分数的磁纳米流体在不同的入口流速时微通道内对应的传导热通量的变化情况如图 4-22 所示。由图 4-22 可知,在同一入口流速下,磁纳米流体的体积分数越大,在整个微通道内的传导热通量越大,且 U_0 越小,差距越明显。随着 U_0 的增大,不同体积分数时磁纳米流体的整体传导热通量均不断增大,且在 $x = 2 \sim 4$ mm 处传导热通量的波动幅度越大,其他位置的相对变化情况则变小。这说明磁纳米流体体积分数的增大对微通道内的导热增强效果较明显,在磁场影响区域的强化效果显著。

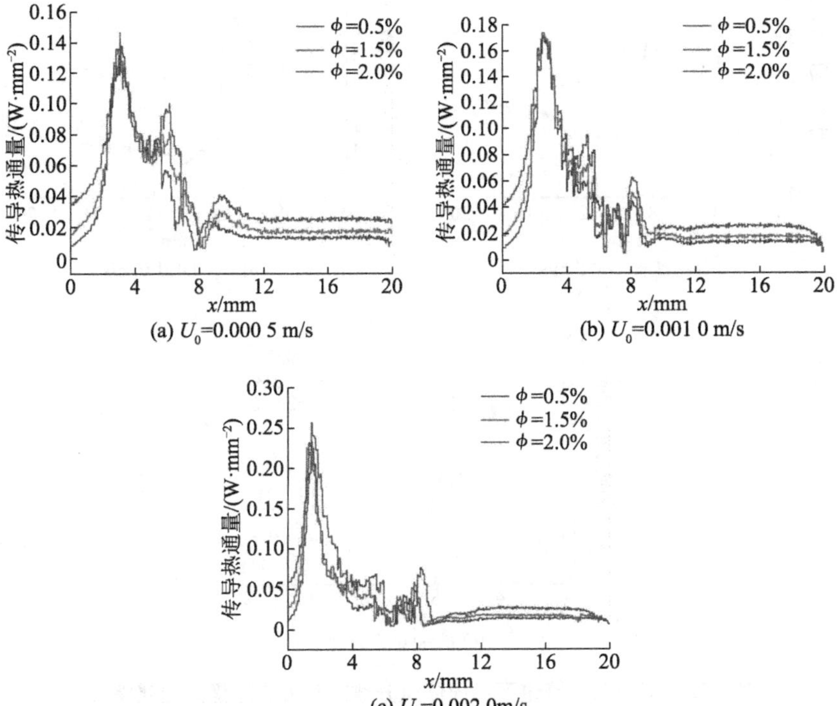

图 4-22　不同入口流速下不同体积分数时传导热通量的变化情况

2. 对流热通量分析

不同体积分数的磁纳米流体在不同入口流速时微通道内对应的对流热通量的变化情况如图 4-23 所示。由图 4-23 可知，在同一入口流速下，磁纳米流体的体积分数越大，在整个微通道内的对流热通量越大，且 U_0 越小，差距越明显。随着 U_0 的增大，不同的体积分数时磁纳米流体的整体对流热通量均不断增大，且在 $x=2\sim4$ mm 处的波动幅度越大，其他位置的相对变化情况则变小。这说明磁纳米流体体积分数的增大对微通道内的对热增强效果较明显，在磁场影响区域的强化效果显著。

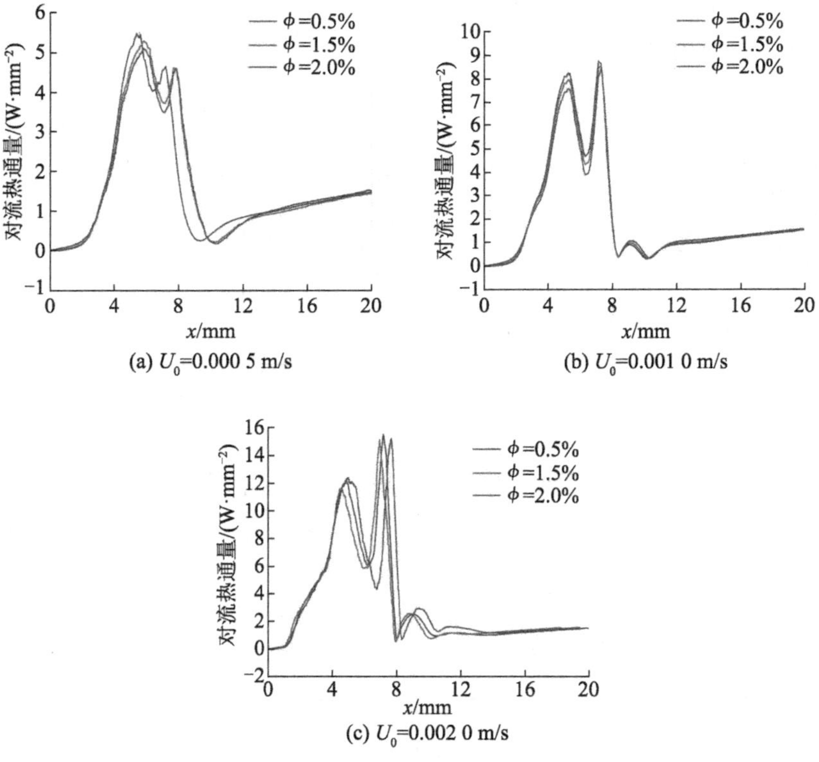

(a) U_0=0.000 5 m/s

(b) U_0=0.001 0 m/s

(c) U_0=0.002 0 m/s

图 4-23　不同入口流速下不同体积分数时对流热通量的变化情况

综上所述，本研究讨论了磁场强度与体积分数对微通道内磁纳米

流体的传热特性的复合影响,主要结论如下:

① 在磁场区域内,体积分数的增大对磁场力有扩大作用。纳米颗粒的增加对磁纳米流体的整体流动存在抑制作用,体积分数越大,受磁场力的作用速度变化滞后性越明显。

② 体积分数的增大对磁纳米流体的导热率的影响明显,在相同磁场强度和热通量条件下,体积分数从 0.5%增大到 5%的过程中,微通道内的温升速率和温度水平均逐渐提高。

③ 入口流速、磁场强度和体积分数的变化主要影响磁场力对磁纳米流体的作用。

4.2　磁场区域磁纳米流体的瞬态强化传热特性分析

前文对稳态条件下微通道内磁纳米流体强化对流传热特性的影响因素进行了分析,为更全面地探究其强化传热特性,进一步了解多物理场耦合下磁纳米流体的强化传热机理,本节将对上述模型进行瞬态计算分析,重点研究在磁场区域内磁纳米流体的动态分布规律、热平衡和涡流特性,并从空间及时间的角度讨论垂直传热特性。本研究选取 $U_0=0.0005$ m/s, $B=2$ T, $\phi=3\%$ 的工况进行数值计算,分析磁场区域磁纳米流体的瞬态强化传热特性,得到如下结果。

4.2.1　区域动态平衡分析

1. *磁纳米流体的动态分布规律*

(1) 发展过程

在 $t=0\sim11$ s 时微通道内磁纳米流体体积分数增大过程中流体的瞬态变化情况如图 4-24 所示。由图 4-24 可知,当 $t=2$ s 时,流入微通道内的磁纳米流体开始进入磁场影响区域改变磁纳米颗粒的正常流态，随着时间的推移，纳米颗粒受磁场的影响贴近微通道上壁面向前扩散，在通过磁场区域后反向回流扩散，在随主流场向前扩散的同时，逐渐弥散到磁场影响区域。从入口处到磁场影响区域范围内，磁纳米颗粒在整个微通道范围内均得到扩散，但离开磁场影响区域后，在随流场向前推进的过程中，磁纳米颗粒主要集中在微通道中心部分，而在壁面位置并无分布。

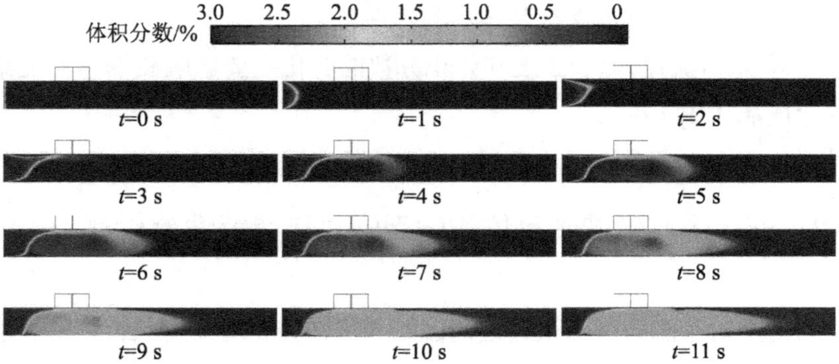

图 4-24　0~11 s 时微通道内磁纳米流体体积分数增大过程中流体的瞬态变化情况

（2）稳定增长过程

在上述磁纳米颗粒发展过程结束后，发现随后的颗粒扩散形态不再发生变化，但随着时间的推移，磁纳米颗粒在现有扩散形态上体积分数逐渐增大。t = 14 s，16 s 时，微通道内磁纳米流体的体积分数和相对应的流场变化如图 4-25 所示。由图 4-25 可知，此时流场已经稳定，磁场区域的磁纳米颗粒扩散边界与该区域的流态边界基本吻合，离开磁场范围时，磁纳米颗粒的尾迹高度与流场中头部的尾迹高度一致。这说明磁纳米颗粒除随流场自由扩散外，其分布情况主要受速度场漩涡分布的影响。

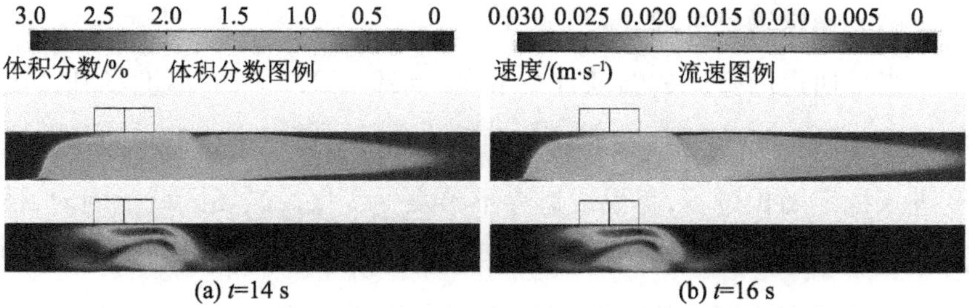

图 4-25　微通道内磁纳米流体体积分数稳定增长过程中流体的瞬态变化情况

2. 温度场动态分布规律

(1) 发展过程

$t=1\sim8$ s 时微通道内磁纳米流体温度场的瞬态变化情况如图 4-26 所示。由图 4-26 可知，当 $t=1$ s，2 s 时，流体首先受磁体磁场力和微通道底面边界热源的影响，引起磁体位置前垂直方向的扰动温升和底部靠近边界处的局部温升。随着时间的推移，磁场影响区域在微通道内的垂向位置迅速形成较大范围的热扰动，引起该区域迅速升温，同时此区域内的高温边界层更薄，而局部区域的温度分布更加均匀。远离磁场区域后，微通道内磁纳米流体的温升以对流扩散为主，温度梯度较大，等温线分层明显。

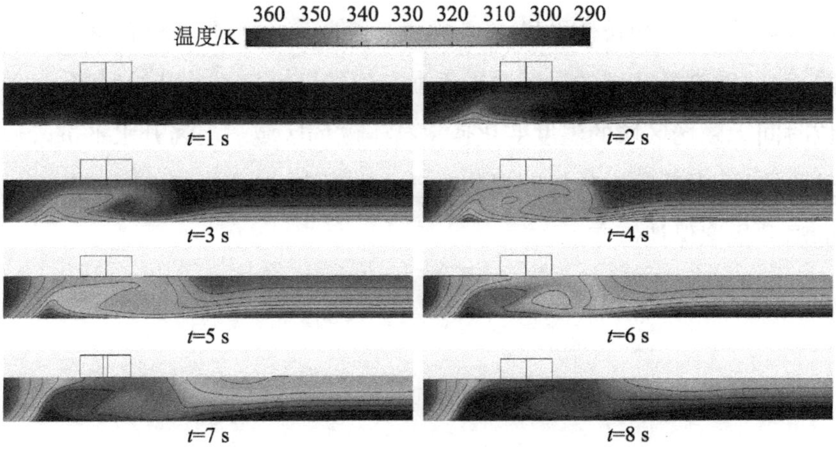

图 4-26　$t=1\sim8$ s 时微通道内磁纳米流体温度场的瞬态变化情况

（2）稳定增长过程

当微通道内整体的温度分布不变，$t=20$ s，22 s 时的温度场和速度场结果如图 4-27 所示。由图 4-27 可知，此时微通道内磁纳米流体的温度进入稳定增长过程，等温线边界不再发生变化。磁场区域范围内，贴近微通道上壁面和流场尾迹部分在垂直方向始终保持较低温度。这表明该区域受高速流场的影响，单位流体短时间内未进行充分换热，单位流体始终保持较低热值。远离磁场区域后，随时间推移，温度分布趋于均匀，微通道下边界在垂直方向始终保持最高温度水平。

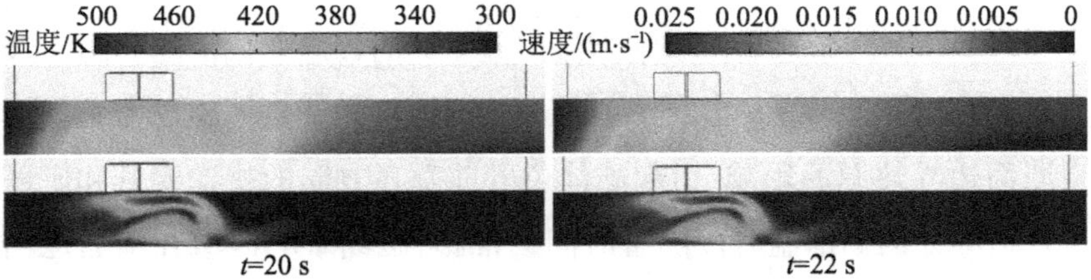

图 4-27　微通道内磁纳米流体温度场和速度场的瞬态变化情况

根据计算结果，将温度场的瞬态变化过程分为发展阶段、过渡阶段和恒升阶段，如图 4-28 所示。由图 4-28 可知，在温度场发展阶段，$t=1\sim6$ s 范围内，磁场区域的温升较快，迅速达到较高温度水平，离开磁场区域后，温度增长较平稳。$t=9$ s 时，微通道内的温度分布进入过渡阶段，即无磁场区域的温度水平逐渐与磁场区域持平并开始反超，且单位时间无磁场区域的温度变化速率高于磁场区域。当温升水平进入恒升阶段后，微通道内的温度场分布已基本恒定，单位时间间隔内各区域的温升幅度保持恒定。

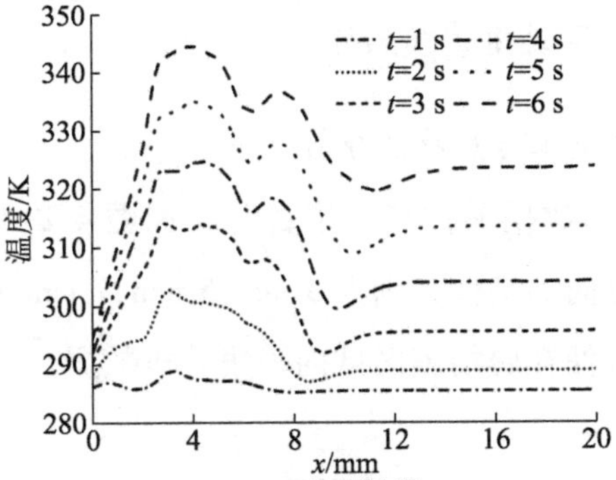

(a) 发展阶段

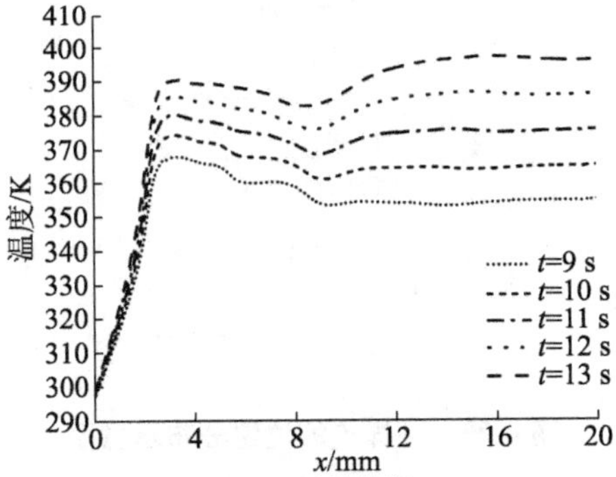

(b) 过渡阶段

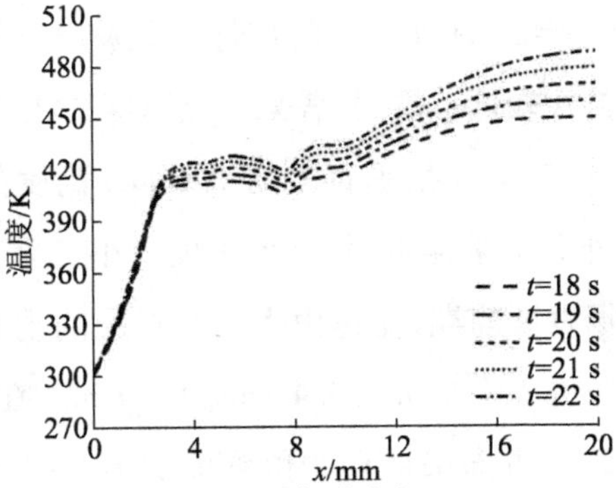

(c) 恒升阶段

图 4-28　微通道内磁纳米流体在不同阶段温度场的瞬态变化情况

4.2.2 磁场区域垂直换热分析

1. 时间尺度流体传热特性分析

磁场区域三组数据采样点的位置分布如图 4-29 所示。由图 4-29 可知,采样点 x 方向的坐标分别为 3 mm,5 mm,7 mm,每组在垂直方向取 4 个监测点,方便在磁场整区域内采集分析数据。

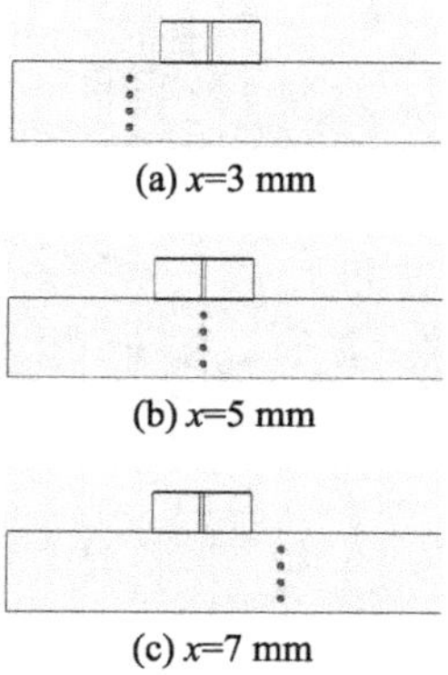

图 4-29 采样点的位置分布示意图

三组数据采样点数值计算的速度瞬态变化情况如图 4-30 所示。由图 4-30 可知,当 $x=3$ mm 时,垂直方向 4 个采样点的速度水平在整个计算步内均保持在较低范围,且各采样点速度的波动较小,相互间的差距不明显。当 $x=5$ mm 时,垂直方向 1.6 mm 高度的采样点位置流场速度远高于另外 3 个采样点,且流场速度大小与垂直方向采样点的高低无关。在流场发展前期,流速由大到小对应的垂直方向采样点的位置依次为 $z=1.6$ mm,1.2 mm,0.4 mm,0.8 mm。在发展后期,流速由大到小对应的垂直方向采样点的位置依次为 $z=1.6$ mm,0.4 mm,0.8 mm,1.2 mm。当 $x=7$ mm 时,该组各采样点流速在 $t=10$ s 后均逐渐趋于稳定,与 $x=5$ mm 处相比,各垂直位置采样点在前期随着时间的推移速度的变化率增大,在后期速度的变化则更加稳定。

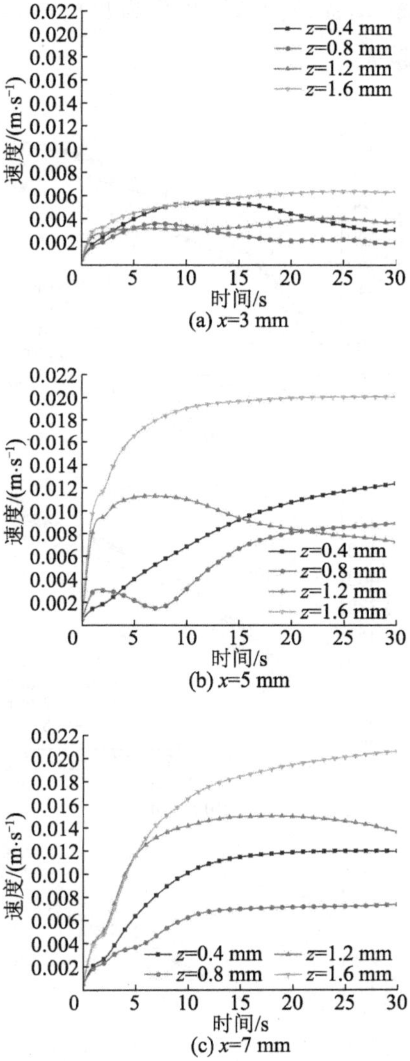

图 4-30　三组数据采样点数值计算的速度瞬态变化情况

对三组监测点的瞬态温度数据进行处理得到图 4-31。由图 4-31 可知,越深入磁场区域各监测点之间的温度差异越小,当 $x=7$ mm 时,各监测点之间温度随着时间的变化基本无差别。在时间尺度下,各组监测点不同时刻的温度水平与监测点在微通道内 z 方向的垂直高度成反比，即垂向高度越低，监测点各时刻的温度越高，且监测点所处的高度越高，温度差距越大。

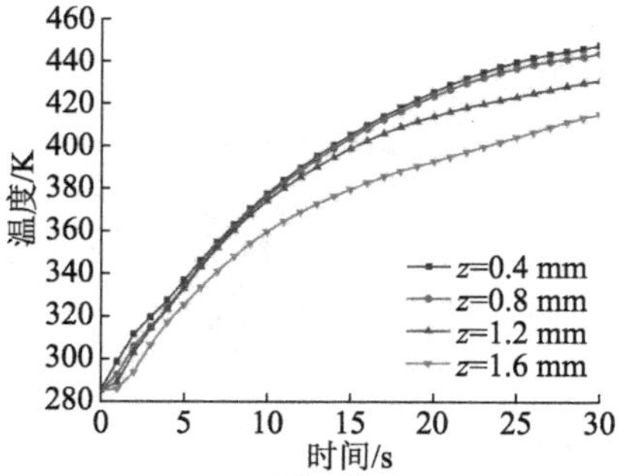

(a) x=3 mm

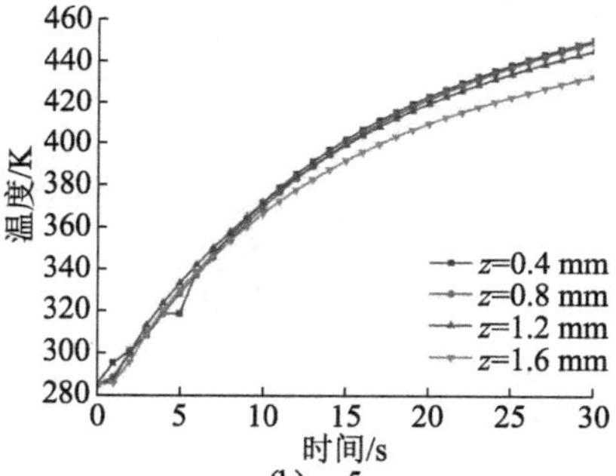

(b) x=5 mm

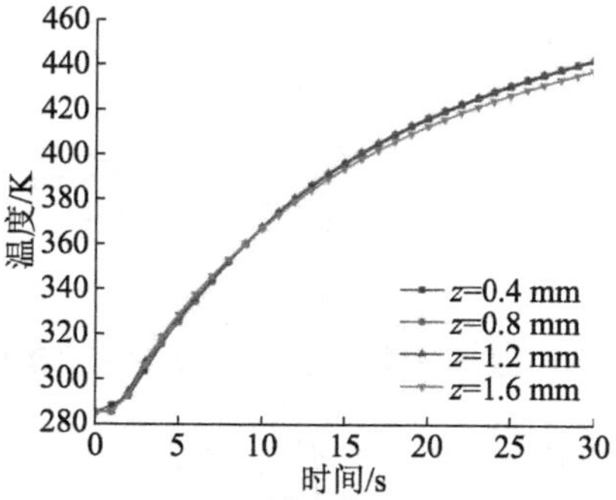

(c) x=7 mm

图 4-31　时间尺度下微通道内磁纳米流体温度的瞬态变化情况

2. 空间尺度流体传热特性分析

(1) 温度梯度

微通道内磁纳米流体温度梯度的瞬态变化情况如图 4-32 所示。由图 4-32 可知，磁纳米流体刚进入微通道时（$t=1\sim3$ s），整个流场温度梯度较为均匀，整体温度梯度随着时间的增加逐渐增高，磁场区域的温度梯度与无磁场区域差距并不明显。10 s 后，微通道内各部分随时间变化温度梯度的分布逐渐稳定，温度梯度在 $x=0\sim4$ mm 范围内出现较大波动，在 $x=2$ mm 处出现温度梯度峰值。无磁场区域温度梯度随时间变化逐渐降低，磁场区域温度梯度在微通道内达到最低，微通道入口处（0～2 mm）温度梯度升高最为明显，在整个计算过程内上升近 30 ℃。这说明磁纳米流体受磁场影响达到的换热条件最为均匀。

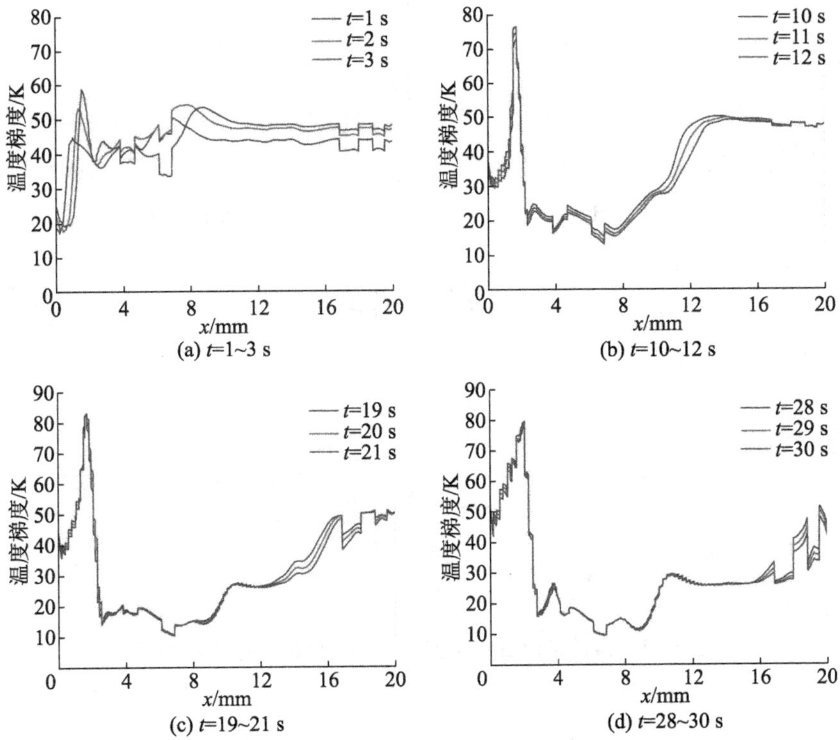

图 4-32　微通道内磁纳米流体温度梯度的瞬态变化情况

（2）热通量分析

通道内磁纳米流体总热通量的瞬态变化情况如图 4-33 所示。由图 4-33 可知，磁纳米流体刚进入微通道时（$t=1\sim3$ s），整个流场的热通量迅速增大，磁场区域热通量的变化明显，无磁场区域总热通量随时间变化平稳增大。当 $t=10$ s 时，微通道内各区域总热通量的分布已趋于稳定，即总热通量变化曲线的形态已基本恒定。微通道内的热通量峰值出现在磁体中心位置（$x=5$ mm）处，随着时间的推移，磁场区域的总热通量逐渐增大，无磁场区域的热通量不再增加，保持恒定。

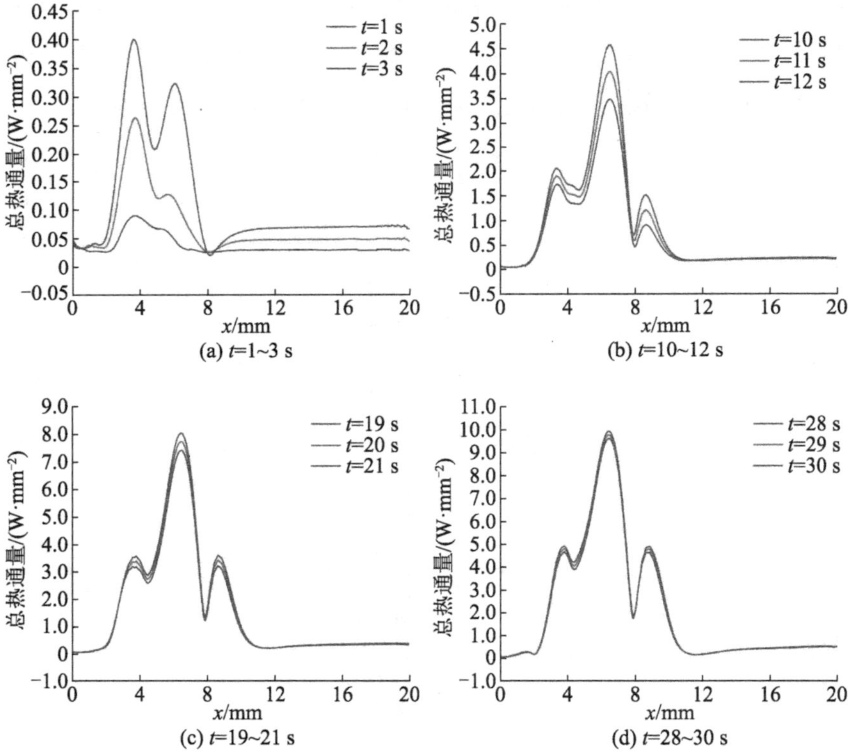

图 4-33　微通道内磁纳米流体总热通量的瞬态变化情况

4.3　本章小结

本章在对不同影响因素进行稳态计算分析的基础上，为进一步探究磁纳米流体在微通道内的强化传热机理，对瞬态计算结果进行了分析，得出的主要结论如下：

① 磁场条件下，磁纳米颗粒在磁场区域受速度场漩涡分布的影响采用迂回扩散的方式充满该部分流道，离开磁场区域后随主流场自由扩散。

② 微通道内温度场分别经历了磁场区域局部温升发展过程和整流场的恒定温升过程，温度场的变化过程受磁场区域流态的影响显著。

③ 在时间尺度下，速度随时间变化程度与微通道内 z 方向的垂直高度成正比，温度水平与垂直高度成反比。

④ 从空间尺度来看，磁纳米流体在微通道入口处由于入口效应等因素存在较大的温度梯度变化，后受磁场区域的影响换热均匀性增强，温度梯度达到最低。同时，由于磁场的存在，磁场区域的总热通量大大增大，是无磁场的数十倍。

第 4 章部分彩图

第 5 章　不同磁场布置下微通道内磁纳米流体的流动传热特性探究

前面研究了单侧磁场条件下不同磁场条件和流体因素对微通道内磁纳米流体对流传热特性的影响。但单磁场条件只适合研究不同影响因素的强化换热机理，实际应用中是多磁场共同作用，且不同磁场位置的布置和磁场方向的变化也会引起不同的流场分布和不同的磁场区域流态模型，造成传热系数的急速增大或减小。因此，本章分别讨论在单侧磁场、对置磁场和交错磁场 3 种磁场布置方式下，微通道内磁纳米流体的流动传热特性，具体布置情况如表 5-1 所示。

表 5-1　磁场布置情况汇总

磁场布置方式	磁场强度/T	磁场方向		几何形式
		T1(上侧磁场)	T2(下侧磁场)	
单侧上磁场	2	+z		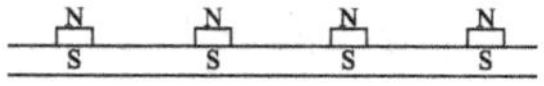
单侧下磁场	2		+z	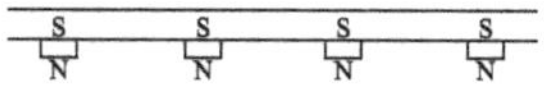
同极对置磁场	2	+z	+z	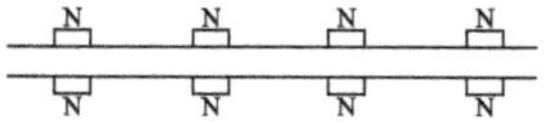
异极对置磁场	2	+z	−z	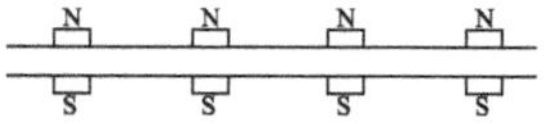
同极交错磁场	2	+z	−z	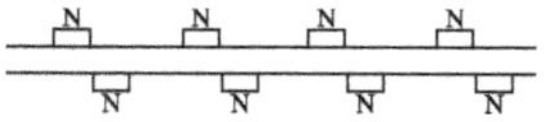
异极交错磁场	2	+z	−z	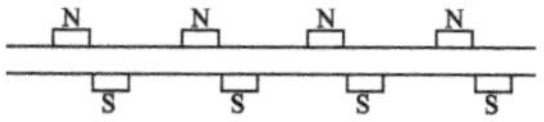

5.1　单侧磁场布置下磁纳米流体的流动传热特性分析

将原有的微通道模型的长度适当延长,在微通道上侧和下侧均匀布置 4 个永磁体,并考虑微通道内部重力的影响,采用单侧上磁场和单侧下磁场的布置方式探究微通道内磁纳米流体的流动传热特性。

5.1.1　单侧上磁场布置

1. 速度场分析

单侧上磁场布置下不同入口流速时微通道内磁纳米流体的流场分布情况如图 5-1 所示。

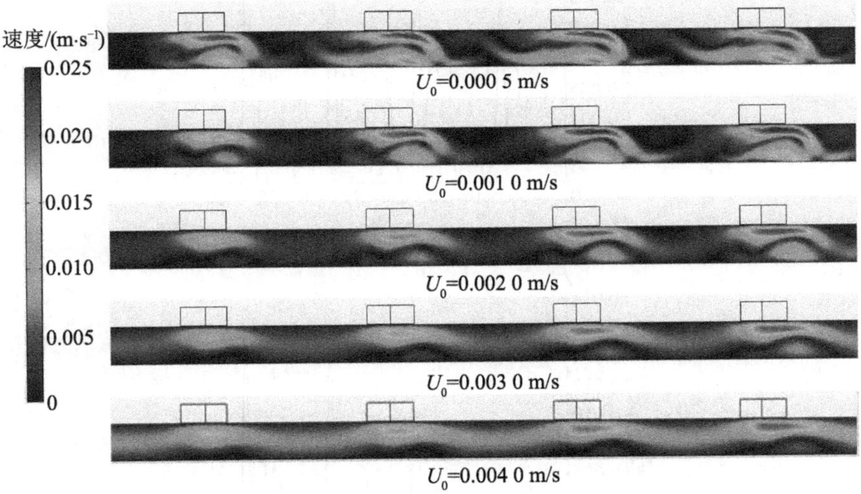

图 5-1　单侧上磁场布置下不同入口流速时微通道内磁纳米流体的流场分布情况

由图 5-1 可知,在不同入口流速下,对应磁场位置磁场区域的流场变化规律与 4.1.2 节所述规律一致,但在单一入口流速条件下,微通道内整流场的速度变化存在较明显的递增特性,即磁纳米流体每到达下一个磁场位置后,该处磁场区域下的流速和磁场力影响的流态范围均增大。分析不同流速工况可知，U_0 越大，磁纳米流体在各磁场位置处表现出的流速和磁场力影响的流态范围依次增大的现象越明显。当 U_0 = 0.000 5 m/s 时，磁纳米流体在到达第二个磁场位置后速度和流态范围达到极限，后续不再增大；当 U_0 = 0.001 0 m/s 时，磁纳米流体在第三个磁场位置处流速和流态范围达到极限；U_0 > 0.001 0 m/s 后，磁纳米流体实现在整个微通道区域内各磁场位置处流速和流态范围依次增大。

当入口流速 U_0 = 0.000 5 m/s，0.001 0 m/s，0.002 0 m/s 时，微通道内的速度变化情况如图 5-2 所示。

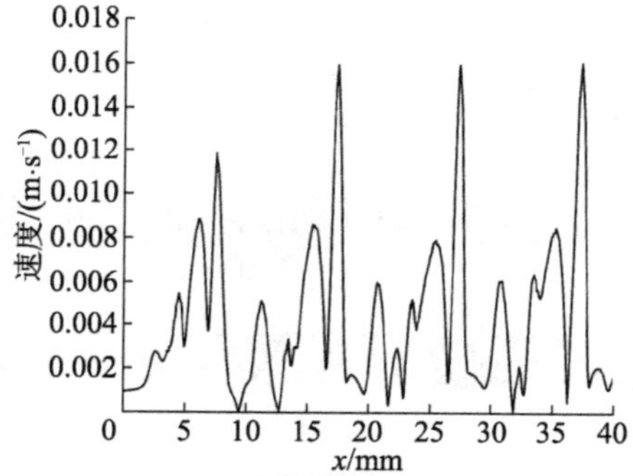

(a) U_0=0.000 5 m/s

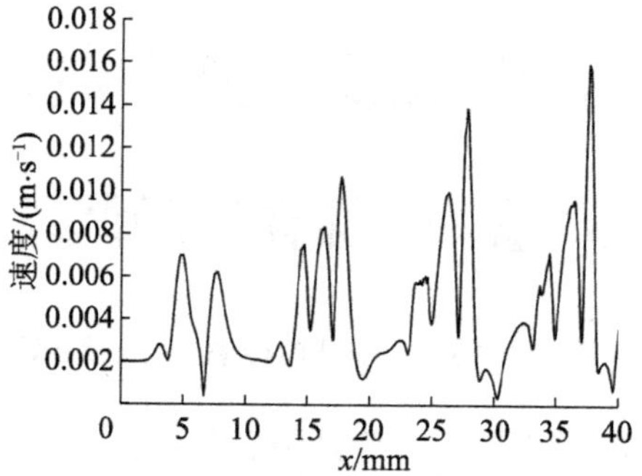

(b) U_0=0.001 0 m/s

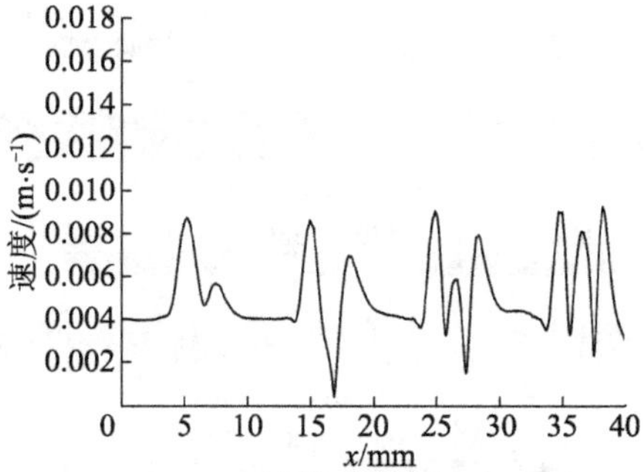

(c) U_0=0.002 0 m/s

图 5-2　单侧上磁场下不同入口流速时微通道内磁纳米流体的速度变化情况

由图 5-2 可知，不同入口流速下微通道内各磁场区域下的速度峰值与变化波数的差别较大，当 $U_0=0.000\ 5$ m/s 时，整个微通道内速度均出现波动。磁纳米流体在微通道内各磁场位置处速度增大现象仅表现在磁场中心区域附近，离开磁场区域范围后，其速度水平基本无变化。

2. 温度场分析

单侧上磁场布置下不同入口流速时微通道内的温度场分布情况如图 5-3 所示。由图 5-3 可知，当 $U_0=0.000\ 5$ m/s，0.001 0 m/s 时，微通道内温度场表现出明显的不均匀梯度分布，微通道内的温度水平以磁场位置为中心分层明显，即每经过一段磁场区域，温度场就会出现一次温度突变。当 $U_0>0.001\ 0$ m/s 时，温度场不再表现为梯度分布，而是表现为在磁场区域内对靠近下壁面位置的热扰动作用依次增强。在不同入口流速下，磁场区域靠近下壁面位置处温度最高。

将上述温度场数据依次处理后得到图 5-4。由图 5-4 可知，随着入口流速的增大，微通道内的温度水平逐渐递减，且随着 U_0 的增大温度差距逐渐缩小。在各个流速工况下，不同磁场区域的温度变化趋势一致，沿着流体速度方向，其温度水平呈周期性迁跃。随着入口流速的增大，其迁跃幅度减小，温度变化率逐渐减小。

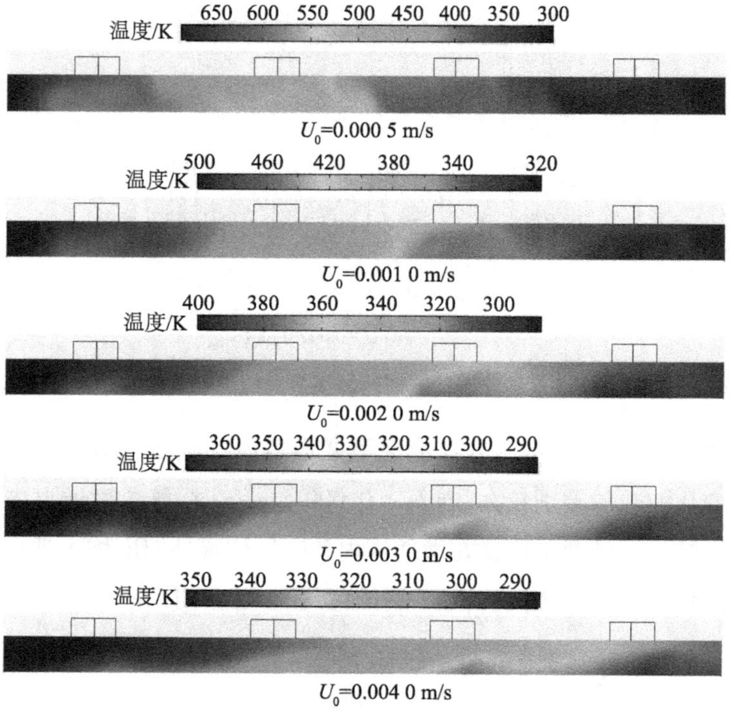

图 5-3　单侧上磁场布置下不同入口流速时微通道内的温度场分布情况

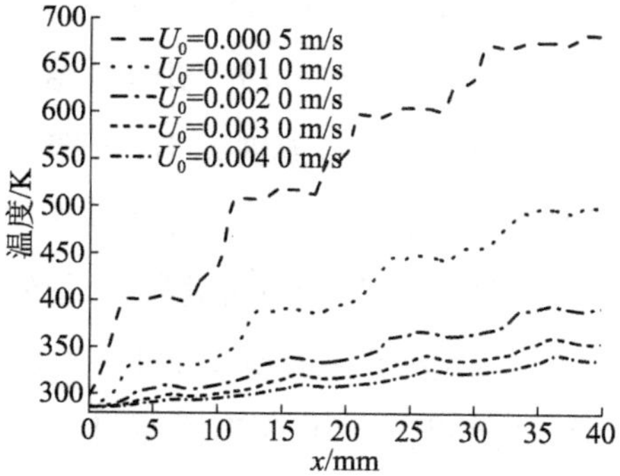

图 5-4　单侧上磁场布置下不同入口流速时微通道内的温度变化情况

5.1.2　单侧下磁场布置

1. 速度场分析

单侧下磁场布置下不同入口流速时微通道内的流场分布情况如图 5-5 所示。相比于单侧上磁场布置的情况,最大流速仍出现在靠近磁体位置处,磁纳米流体依磁场位置的改变其速度和流态范围递增。但受磁场力和重力的作用,靠近磁场位置的高速流态范围减小,垂直方向远离磁场的流态范围增大。在单侧下磁场布置下,磁场区域的高速流态是连贯的,整体呈倒 U 形分布。

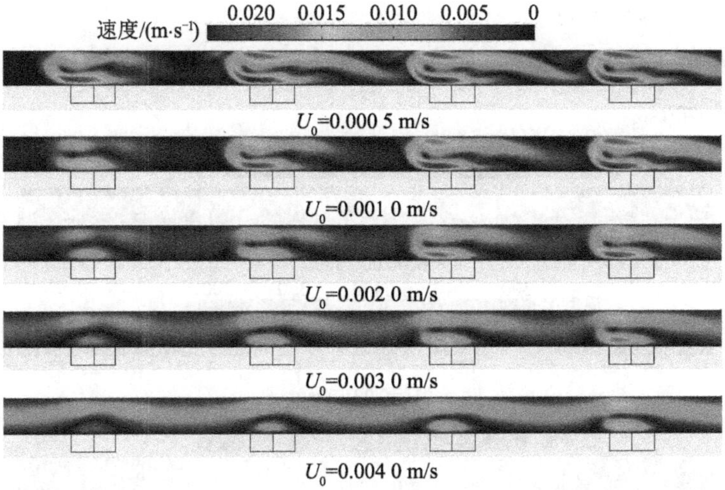

图 5-5　单侧下磁场布置下不同入口流速时微通道内的流场分布情况

当入口流速 U_0 = 0.000 5 m/s, 0.001 0 m/s, 0.002 0 m/s 时,微通道内的速度变化情况如图 5-6 所示。由图 5-6 可知,与单侧上磁场情况相比,微通道内各磁场区域下的速度变化情况基本一致,速度曲线在形状上呈周期性分布。磁纳米流体在微通道内各磁场位置处的依次增强不仅表现在磁场影响区域,还包括离开磁场区域的范围。当磁场影响区域的速度到达极限后,无磁场区域的速度也基本不再增大。

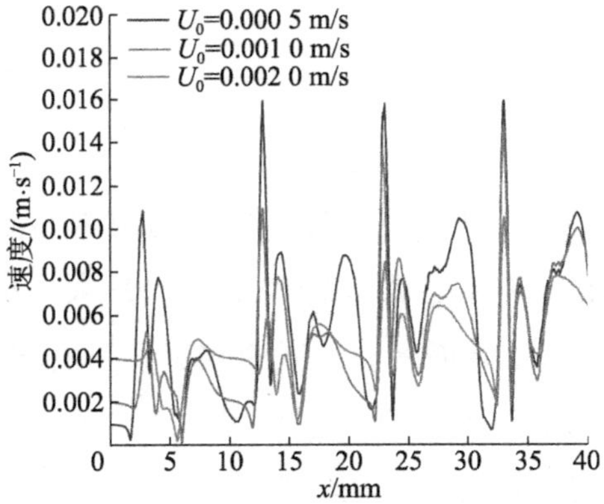

图 5-6　单侧下磁场布置下不同入口流速时微通道内的速度变化情况

2. 温度场分析

单侧下磁场布置下不同入口流速时微通道内的温度场分布情况如图 5-7 所示。

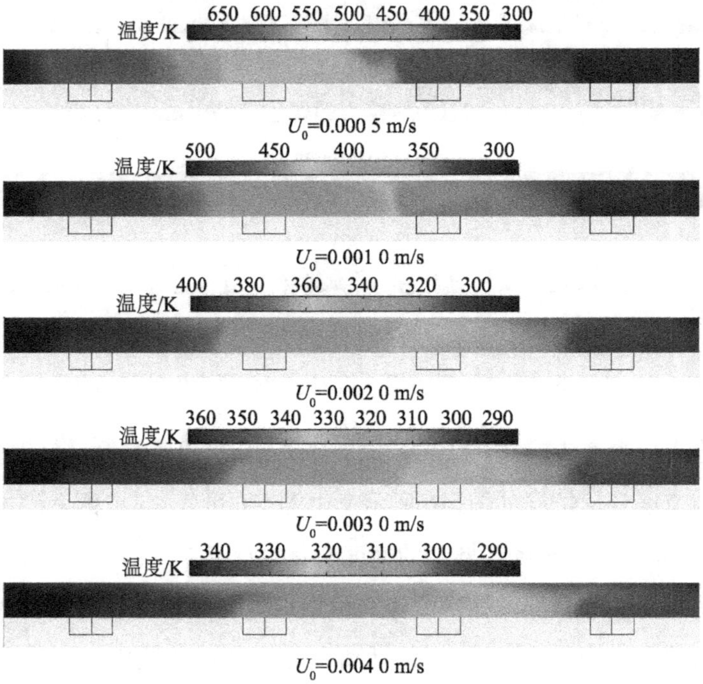

图 5-7　单侧下磁场布置下不同入口流速时微通道内的温度场分布情况

与单侧上磁场布置相比，单侧下磁场布置时微通道内的温度场同样表现出明显的不均匀梯度分布，且随着磁场区域出现温度迁跃，但温度梯度边界略有不同。随着入口流速的增大，温度场的梯度分布特性基本未受影响。单侧下磁场布置下在单个磁场范围内温度场并无明显的速度梯度，流体的换热均匀性更好。

将上述温度场数据依次处理后得到图 5-8。由图 5-8 可知，随着入口流速的增大，单侧下磁场布置下微通道内的温度水平变化规律与单侧上磁场布置一致。在各个流速工况下，不同磁场区域的温度沿着流体速度方向呈周期性迁跃，但其变化曲线比单侧上磁场布置更加平整。

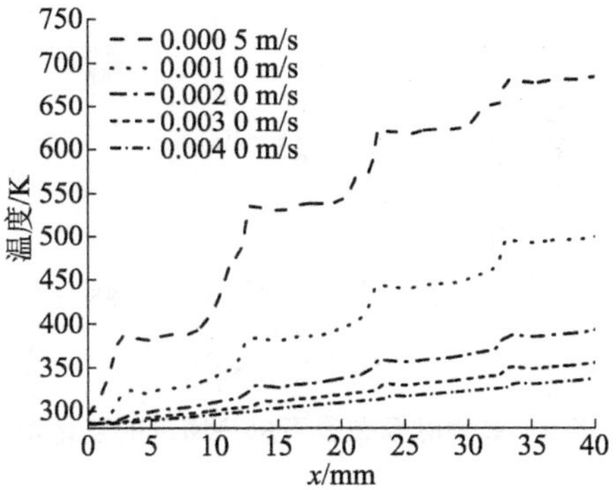

图 5-8　单侧下磁场布置下不同入口流速时微通道内的温度变化情况

5.1.3　换热特性分析

1. 总热通量分析

单侧磁场布置下不同入口流速时微通道内的总热通量变化情况如图 5-9 所示。由图 5-9 可知，不同入口流速下，总热通量在磁场区域出现波动和峰值，且随着磁场位置的推移，每经过一处磁场区域，总热通量依次递增。随着入口流速的增大，微通道内热通量水平逐渐降低。对比来看，单侧上磁场布置比单侧下磁场布置出现热通量峰值位置略微滞后，且波动更加剧烈，具有更高的热通量水平。

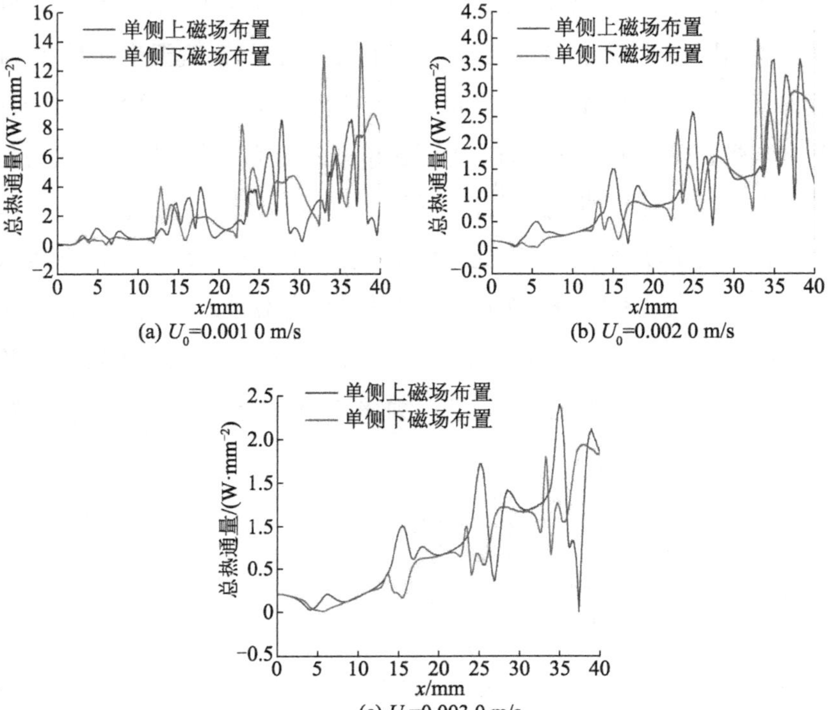

(a) U_0=0.001 0 m/s (b) U_0=0.002 0 m/s (c) U_0=0.003 0 m/s

图 5-9　单侧磁场布置下总热通量的变化情况

2. 温度梯度分析

单侧磁场布置下不同入口流速时微通道内的温度梯度变化情况如图 5-10 所示。由图 5-10 可知，不同入口流速下，单侧下磁场排布时，温度梯度随磁场位置的推移出现依次递增现象，单侧上磁场排布则无此规律，不同磁场位置表现出的温度梯度水平基本一致。当 U_0 = 0.001 0 m/s 时，后两处磁场区域的温度梯度甚至出现下降。随着入口流速的增大，微通道内温度梯度逐渐降低。单侧下磁场布置的温度梯度水平与单侧上磁场布置的差距逐渐增大。这说明单侧上磁场布置在保持高热通量的同时波动更加剧烈，具有更高的热通量水平。

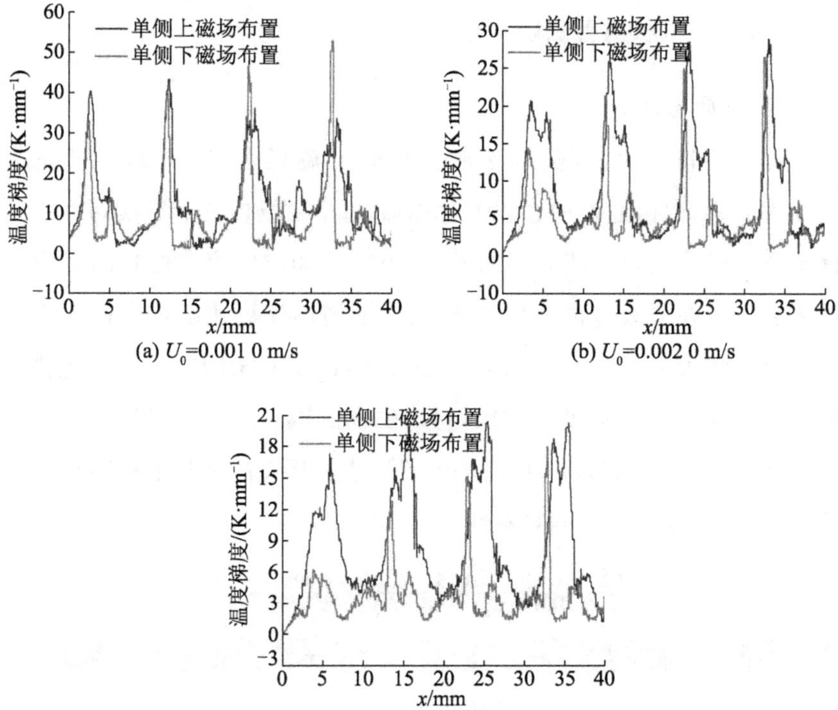

(a) U_0=0.001 0 m/s　(b) U_0=0.002 0 m/s　(c) U_0=0.003 0 m/s

图 5-10　单侧下磁场布置下不同入口流速时微通道内的温度梯度变化情况

5.2　对置磁场布置下磁纳米流体的流动传热特性分析

将磁场对置布置，磁极方向分为同向和异向两种情况，探究两种磁场排布情况产生的磁场力与重力相互作用出现的不同耦合特征，最终得到两种排布结构下的流场和温度场分布情况，并对其流动传热特性进行分析讨论。

5.2.1 同极对置磁场布置

1. 速度场分析

由图 5-11 可知,同极对置磁场布置下,磁场区域下形成的流态范围大大缩小,以微通道中心线为对称轴,每个磁场位置下形成对称的高速流态。随着入口流速的不断增大,不同磁场位置流态形状的对称性越来越好。在同极对置分布磁场下,微通道内流场速度仍存在依磁场位置顺次增大的情况。当 U_0=0.000 5 m/s 和 0.001 0 m/s 时,随着磁场力的影响和流场速度的顺次增大,磁场区域高速流态出现扩散和漩涡。当 U_0>0.001 0 m/s 时,磁场位置形成的高速流态基本稳定在磁体范围内,且表现出良好的对称性。

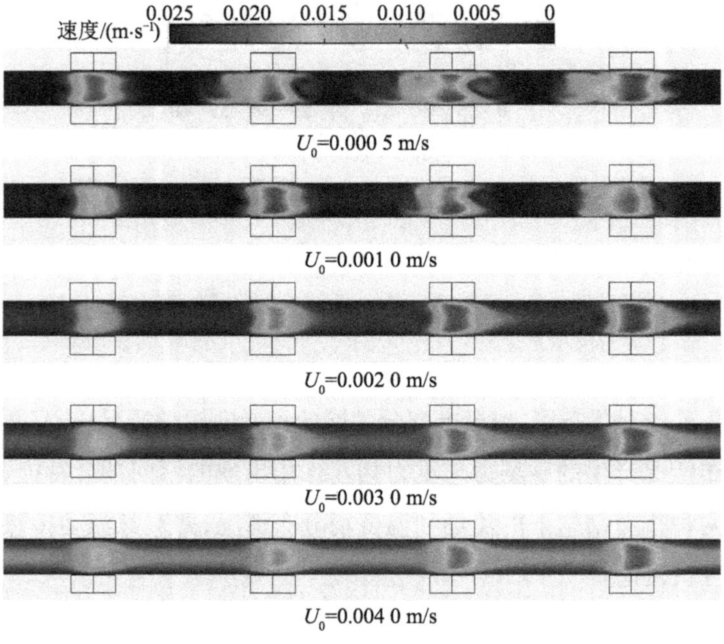

图 5-11 同极对置磁场布置下不同入口流速时微通道内的速度场分布情况

将上述部分流场数据进行处理后,得到同极对置磁场布置下不同入口流速时的速度变化情况，如图 5-12 所示。由图 5-12 可知，同极对置磁场布置下微通道内速度场的波动峰值变小，不同入口流速下磁场位置处速度峰值出现的一致性较好。当 $U_0=0.000\ 5$ m/s 和 0.001 0 m/s 时，速度递增现象并不明显；当 $U_0=0.002\ 0$ m/s 时才表现出明显的速度递增现象。脱离磁场区域后，速度大小基本无变化，且与入口流速成正比。

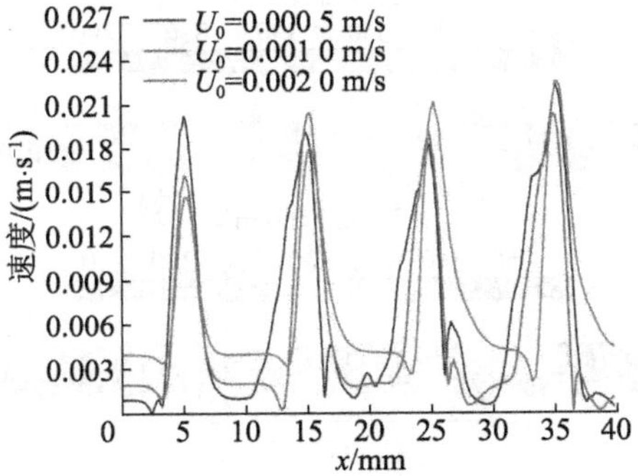

图 5-12　同极对置磁场布置下不同入口流速时微通道内的速度变化情况

2. 温度场分析

由图 5-13 所示，当 $U_0=0.000\ 5$ m/s 时，微通道内温度场在不同磁场区域表现出较明显的温度梯度，当 U_0 增大到 0.001 0 m/s 和 0.002 0 m/s 时，不同磁场区域的温度梯度开始整体后移，且入口流速越大，其温度场分布越滞后。当 $U_0=0.003\ 0$ m/s，0.004 0 m/s 时，微通道内温度场在垂直方向基本不再表现出较明显的区域温度梯度，而在切线方向表现出明显的温度梯度。

同极对置磁场布置下不同入口流速时微通道内的速度变化情况如图 5-14 所示。由图 5-14 可知，随着入口流速的增大，微通道内的温度变化规律与单侧磁场排布一致。但相比于单侧磁场布置的情况，对置磁场布置时在不同入口流速下，不同磁场区域温度沿着流体速度方向周期性迁跃的幅度变小，温度变化曲线更加光滑。

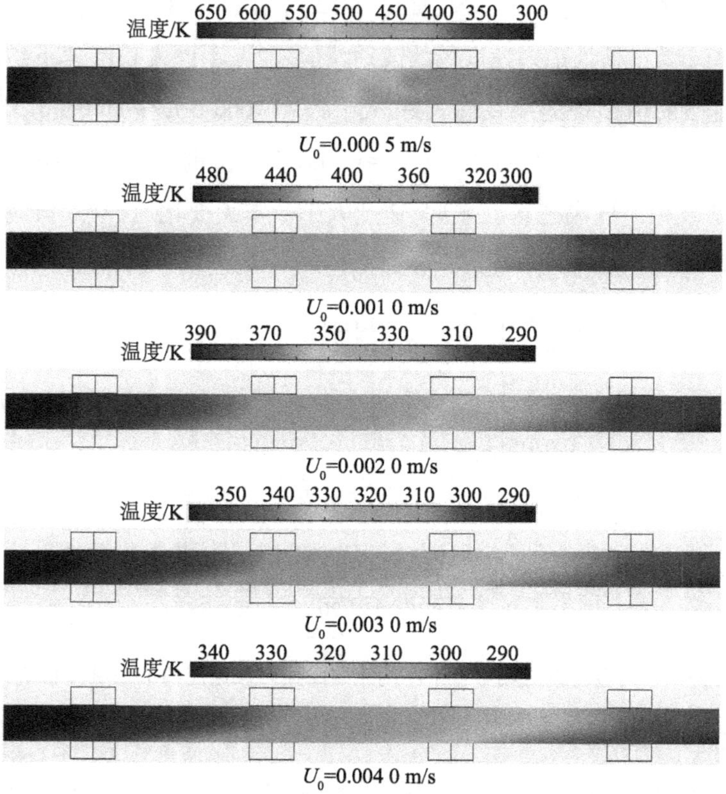

图 5-13　同极对置磁场布置下不同入口流速时微通道内的温度场分布情况

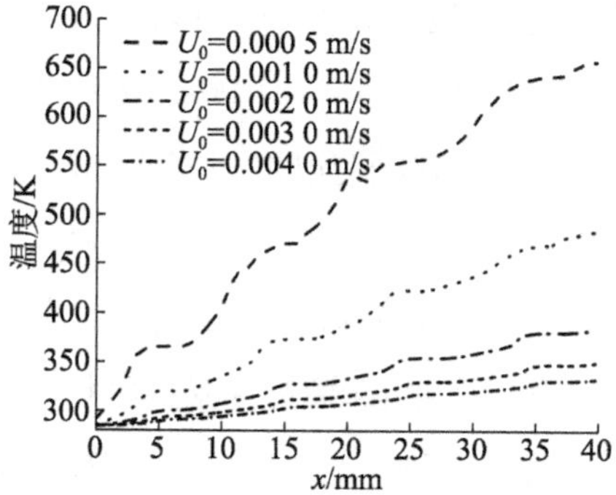

图 5-14　同极对置磁场布置下不同入口流速时微通道内的温度变化情况

5.2.2　异极对置磁场布置

1. 速度场分析

在异极对置磁场布置条件下，由于对置的上下两磁场的磁极相反，对磁纳米颗粒形成上下互相拉扯的磁场力，微通道内速度场的分布情况如图 5-15 所示。由图 5-15 可知，异极对置磁场与同极对置磁场形成的流场流态完全不同，相比于同极对置磁场的流态以微通道中心分布，异极对置磁场的流态则类似呈对称分布，且高速流态的影响范围远远大于同极对置磁场。异极对置磁场布置下，靠近上下两磁体位置形成两条高速带交错分布，入口流速越小，速度带交错越规整，越接近中心对称。当 U_0>0.002 0 m/s 时，微通道内的速度场分布逐渐接近单侧下磁场布置的情况。

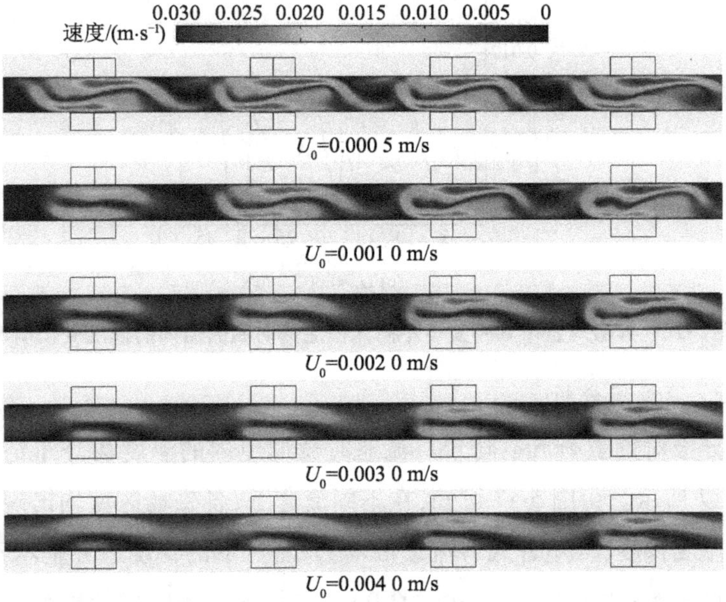

图 5-15　异极对置磁场布置下不同入口流速时微通内的速度场分布情况

当 U_0=0.000 5 m/s，0.001 0 m/s，0.002 0 m/s 时，异极对置磁场

布置下的速度变化情况如图 5-16 所示。由图 5-16 可知，相比于同极对置磁场布置，对置异方向磁场布置的速度波动情况更加剧烈，整个微通道内速度均处于迅速变化状态，且速度峰值出现的位置并不相互对应。随着入口流速的增大，速度波动的幅度逐渐减小。

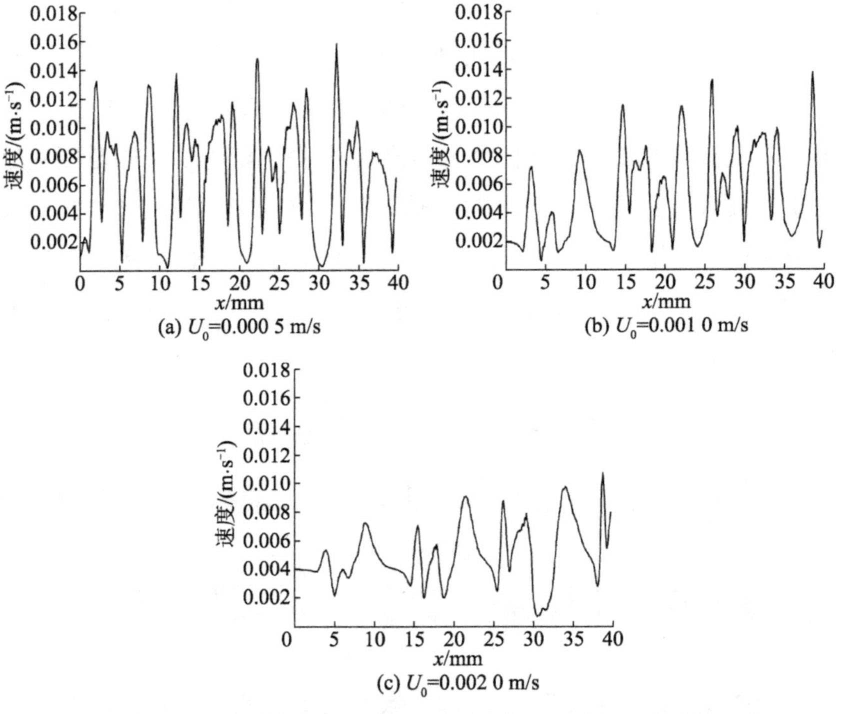

图 5-16　异极对置磁场布置下不同入口流速时微通道内的速度变化情况

2. 温度场分析

异极对置磁场下不同入口流速时微通道内的温度场分布情况如图 5-17 所示。由图 5-17 可知，在不同流速下，各磁场区域均出现较明显的温度梯度，且随着入口流速的增大，各区域的梯度边界基本不变，温度水平逐渐降低。当 $U_0>0.0020$ m/s 时，各磁场区域的局部温度范围在高度方向不再包含整个微通道区域，而是表现为自下而上的热扰动，沿流体流动方向，微通道内磁场区域的热扰动范围逐渐增大。

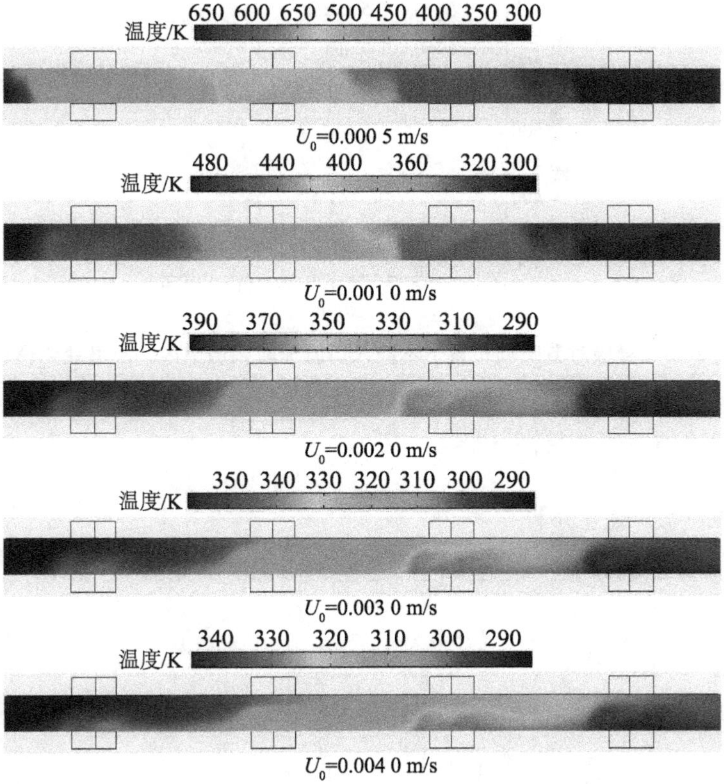

图 5-17　异极对置磁场布置下不同入口流速时微通道内的温度场分布情况

当入口流速 U_0=0.000 5 m/s,0.001 0 m/s,0.002 0 m/s,0.003 0 m/s,0.004 0 m/s 时,微通道内磁纳米流体的温度变化情况如图 5-18 所示。由图 5-18 可知,随着入口流速的增大,微通道内的温度变化规律基本与上述磁场排布一致,其差别主要表现在各温度变化曲线的波动情况,异极对置磁场排布下的速度场变化更加复杂,其对应的温度变化波动也更加频繁。

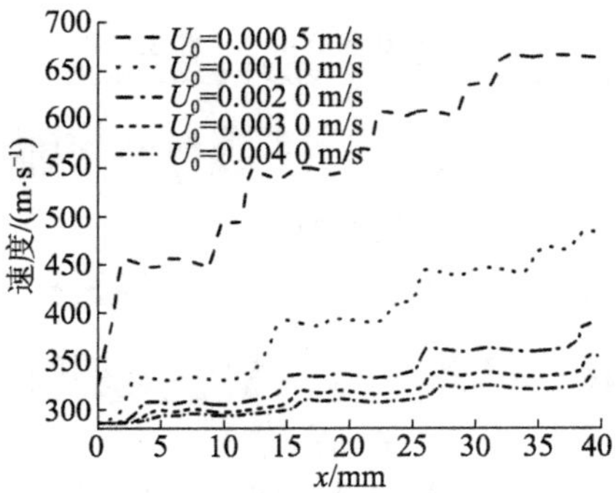

图 5-18　异极对置磁场布置下不同入口流速时微通道内的温度变化情况

5.2.3　传热特性分析

1. 总热通量分析

对置磁场布置下微通道内热通量的变化情况如图 5-19 所示。

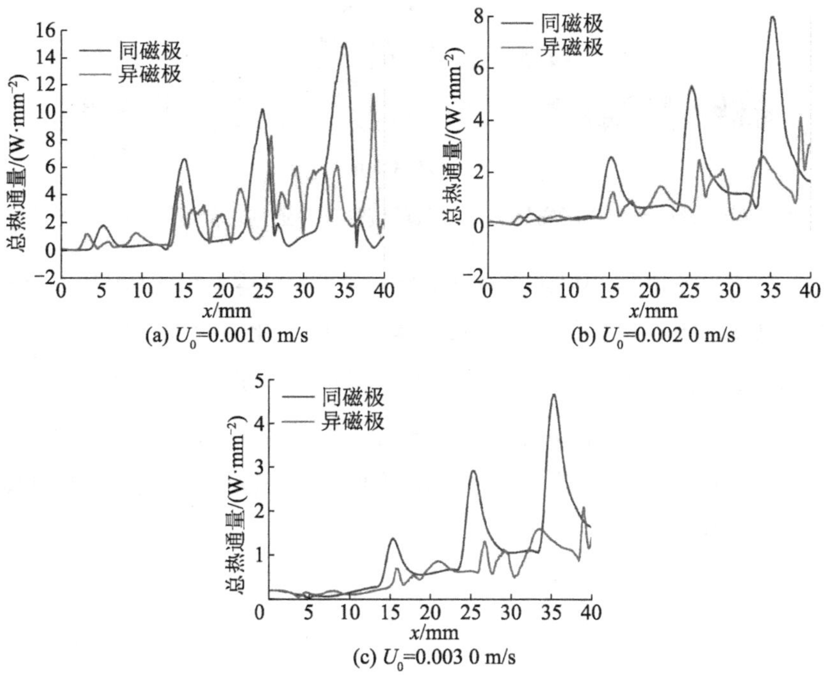

图 5-19　对置磁场布置下不同入口流速时微通道内总热通量的变化情况

由图 5-19 可知，两种磁极布置方式下的热通量较为接近，其中异磁极条件下的波动情况更剧烈，表现更加复杂。随着入口流速的增大，微通道内总热通量逐渐减小。在同一入口流速下，沿着流体的流动方向磁纳米流体的热通量逐渐增大，每经过一个磁场区域，总热通量水平就出现一次迁跃。

2. 温度梯度分析

对置磁场布置下微通道内温度梯度的变化情况如图 5-20 所示。

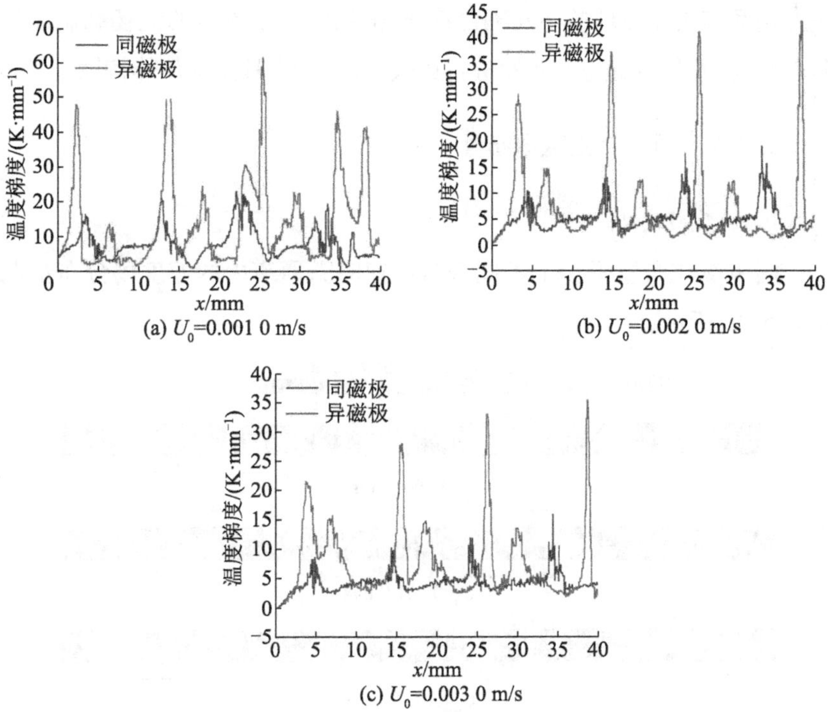

图 5-20　对置磁场布置下不同流速时微通道内温度梯度的变化情况

由图 5-20 可知，异磁极条件下的温度梯度远高于同磁极条件，每个磁体中心坐标之前出现温度梯度峰值。异磁极下每个磁场区域范围内出现两个梯度峰值，而同磁极下磁场区域内只出现一个峰值。随着入口流速的增大，微通道内的温度梯度逐渐降低。由上述分析可知，同磁极排布在具有较高热通量的同时保持低水平的温度梯度，微通道内换热均匀性良好，具有更好的强化换热潜力。

5.3 交错磁场布置下磁纳米流体的流动传热特性分析

本节将上、下两磁体位置间隔 3 mm 交错布置，磁极方向分为同向和异向两种情况，探究因磁场交错布置两种磁场分布情况产生的磁场力与重力相互作用而出现的不同耦合特征，得到磁纳米流体的流场和温度场分布情况，并与对置磁场布置进行比较，分析讨论其流动传热特性。

5.3.1 同极交错磁场布置

1. 速度场分析

同极交错布置磁场下不同入口流速时微通道内的速度场分布情况如图 5-21 所示。

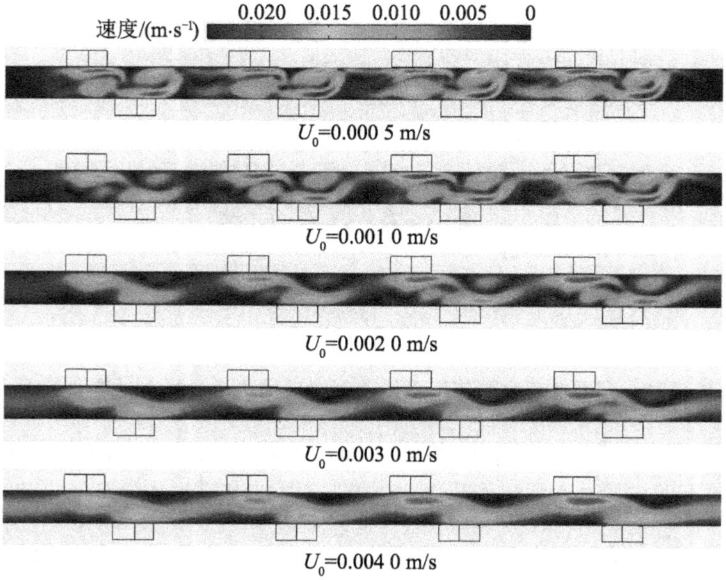

图 5-21 同极交错磁场下不同入口流速时微通道内的速度场分布情况

由图 5-21 可知，当 U_0 = 0.000 5 m/s，0.001 0 m/s 时，微通道内流场在每两个相互交错的磁体位置区域出现中心对称的高速流场，且每个磁场区域包含四部分高速流态。当 U_0>0.002 0 m/s 时，磁场区域的四部分流态逐渐变为两部分，远离磁体位置的区域逐渐消失，靠近磁体位置的区域范围逐渐扩大。

当 U_0 = 0.000 5 m/s，0.001 0 m/s，0.002 0 m/s 时，微通道内的速度变化情况如图 5-22 所示。由图 5-22 可知，不同入口流速下，各流速峰值出现的位置并不相同，其波动变化情况与异极对置磁场布置类似。入口流速越小，磁纳米流体每到达一次磁场区域的速度变化情况越接近。

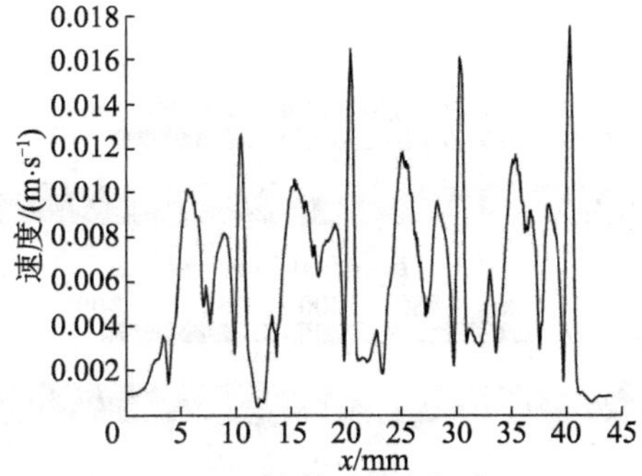

(a) U_0=0.000 5 m/s

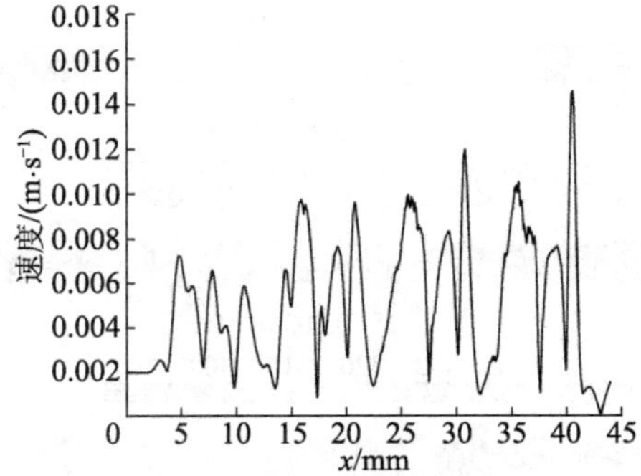

(b) U_0=0.001 0 m/s

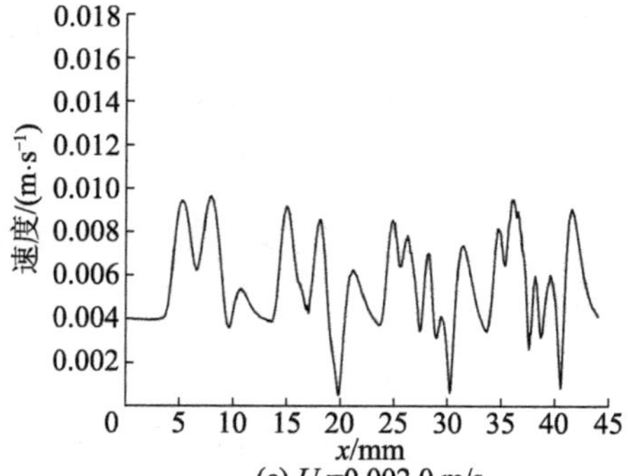

(c) U_0=0.002 0 m/s

图 5-22　同极交错磁场布置下不同入口流速时微通道内的速度变化情况

2. 温度场分析

同极交错磁场布置下不同入口流速时微通道内的温度场分布情况如图 5-23 所示。

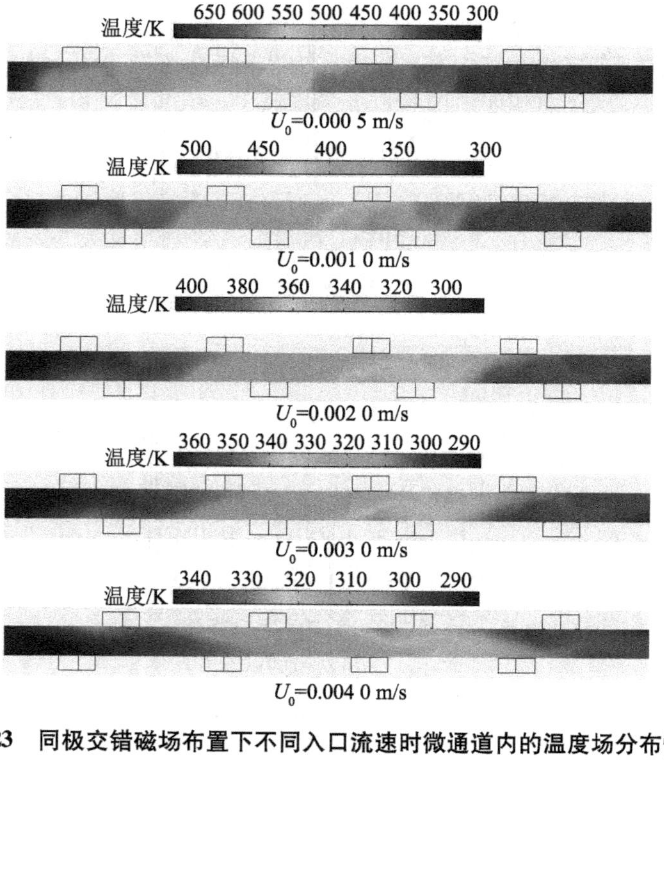

图 5-23　同极交错磁场布置下不同入口流速时微通道内的温度场分布情况

由图 5-23 可知，在不同流速条件下，各磁场区域均出现较明显的温度梯度，但随着入口流速的增大，各区域的梯度边界逐渐倾斜，温度水平逐渐降低。当 $U_0>0.0020$ m/s 时，各磁场区域的温度范围主要表现为局部热扰动，而不再表现出整区域的温度场，沿流体流动方向微通道内磁场区域的热扰动现象逐渐明显。

同极交错磁场布置下不同入口流速时微通道内的温度变化情况如图 5-24 所示。由图 5-24 所示，相比于单侧磁场排布和对置磁场排布，同极交错磁场排布下的温度迁跃幅度小，但频率快，温度变化曲线更波折。

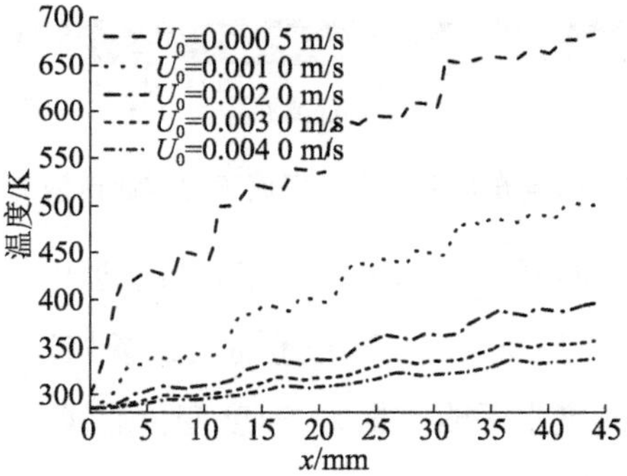

图 5-24　同极交错磁场布置下不同入口流速时微通道内的温度变化情况

5.3.2　异极交错磁场布置

1. 速度场分析

异极交错磁场布置下不同入口流速时微通道内的速度场分布情况如图 5-25 所示。由图 5-25 可知，当 $U_0=0.0005$ m/s 时，微通道内流场在每两个相互交错的磁体位置区域出现麻花状的高速流场，当 U_0 增大到 0.001 0 m/s 和 0.002 0 m/s 时，麻花状高速流场逐渐发散，当 $U_0>0.0020$ m/s 时，磁场区域的流态最终发展为上磁体位置区域上下两个小范围的较高流速带和下磁体位置一个较大范围的高流速带。

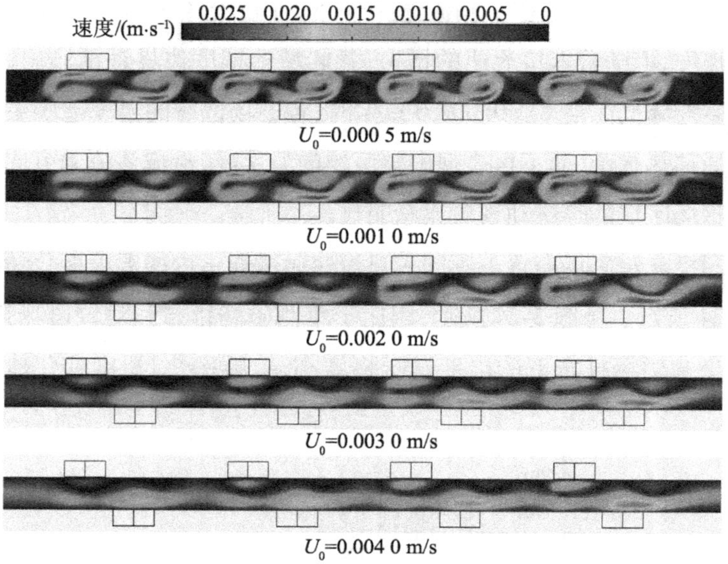

图 5-25　异极交错磁场布置下不同入口流速时微通道内的速度场分布情况

异极交错磁场布置下不同入口流速时微通道内的速度变化情况如图 5-26 所示。由图 5-26 可知,与上述同极磁场相比,异极交错磁场布置下微通道内的速度水平略有提升,速度变化曲线更加尖锐,表明内部流场变化剧烈。

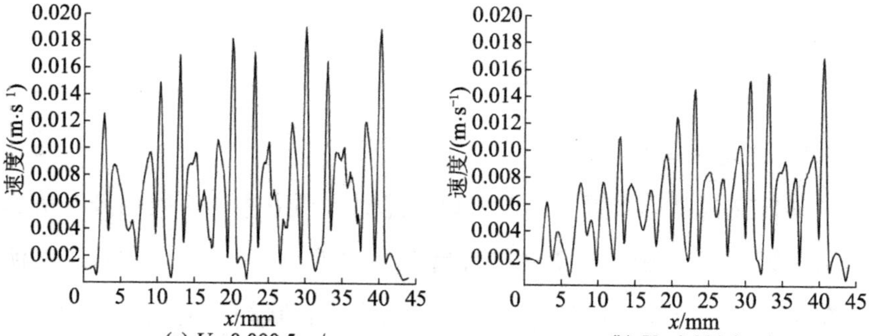

(a) U_0=0.000 5 m/s　　(b) U_0=0.001 0 m/s

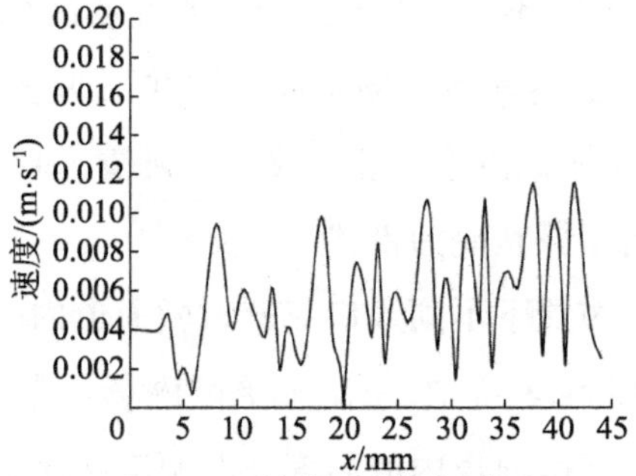

(c) U_0=0.002 0 m/s

图 5-26　异极交错磁场布置下不同入口流速时微通道内的速度变化情况

2. 温度场分析

异极交错磁场布置下不同入口流速时微通道内的温度场分布情况如图 5-27 所示。

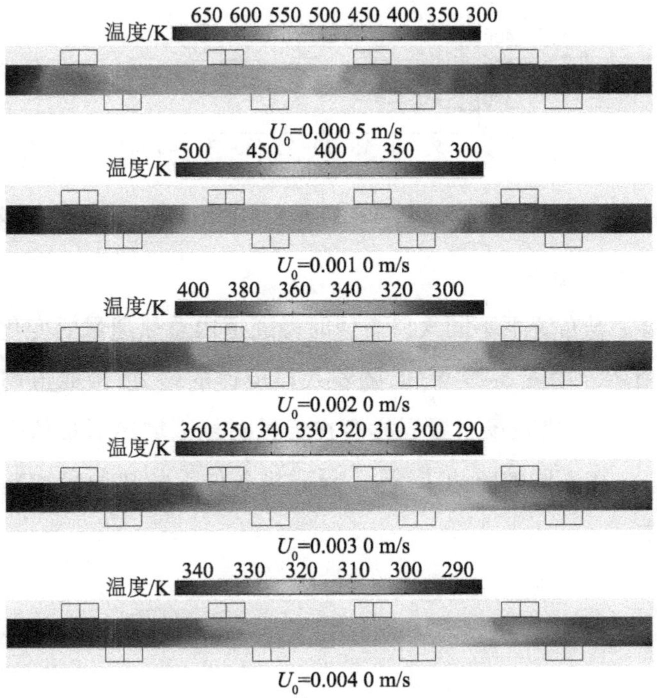

图 5-27　异极交错磁场布置下不同入口流速时微通道内的温度场分布情况

由图 5-27 可知,在不同入口流速下,各磁场区域出现的温度梯度与同极交错磁场及上述其他磁场条件相比并不明显,微通道内的等温线分布呈团簇状,不同温度水平相互交织。随着入口流速的增大,各区域的等温线分布由团簇状变为带状。

异极交错磁场布置下不同入口流速时微通道内的温度变化情况如图 5-28 所示。由图 5-28 可知,相比于单侧磁场排布和对置磁场排布,异极交错磁场排布下微通道内的温度迁跃幅度变小,但频率变快,温度变化曲线更波折。

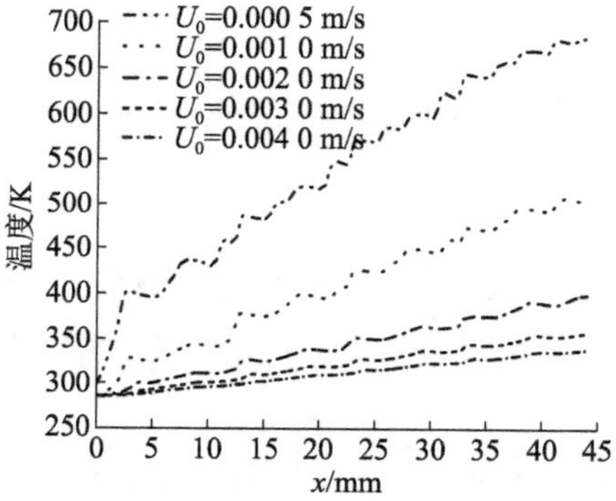

图 5-28　异极交错磁场下不同入口流速时微通道内的温度变化情况

3. 总热通量分析

交错磁场布置下不同入口流速时微通道内总热通量的变化情况如图 5-29 所示。由图 5-29 可知,随着入口流速的增大,微通道内总热通量逐渐减小,交错磁场布置同样存在经过磁场区域热通量依次迁跃增强的现象。在不同的流速工况下,异磁极条件下的热通量均略高于同磁极条件。

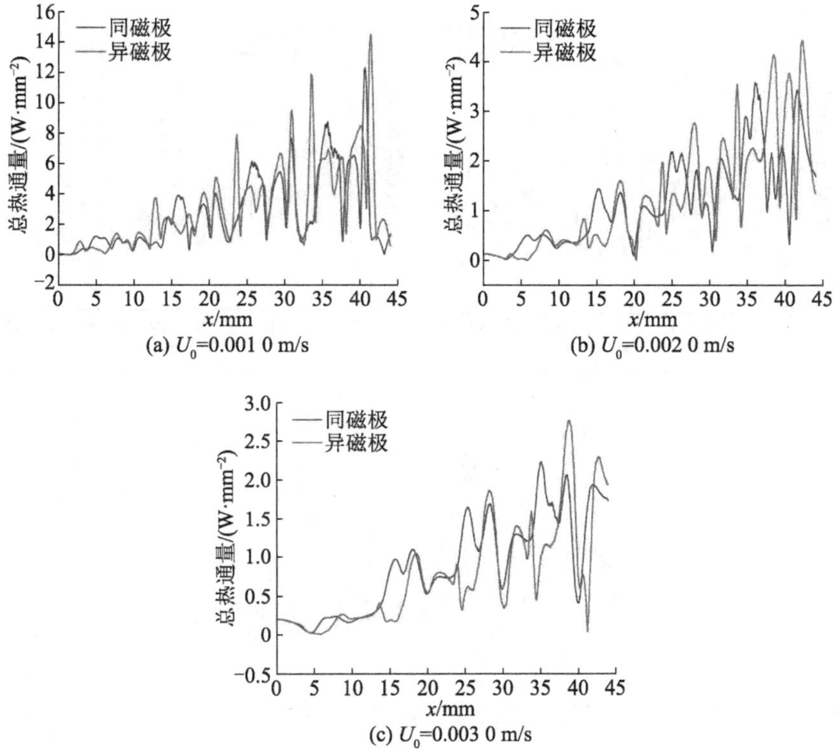

图 5-29　交错磁场布置下不同入口流速时微通道内的总热通量变化情况

4. 温度梯度分析

图 5-30 为交错磁场布置下不同入口流速时微通道内的温度梯度变化情况。由图 5-30 可知，微通道内温度梯度水平随入口流速的增大逐渐降低，且微通道出口处的温度梯度水平最低。当 $U_0=0.001\ 0$ m/s 和 0.002 0 m/s 时，同磁极和异磁极条件下的温度梯度水平和分布情况基本相同。当 $U_0=0.003\ 0$ m/s 时，异磁极条件下的温度梯度开始明显低于同磁极条件。结合上述总热通量的变化情况来看，交错磁场布置下，异磁极条件在保证较高热通量的同时保持着较低的温度梯度，具有更好的换热潜力。

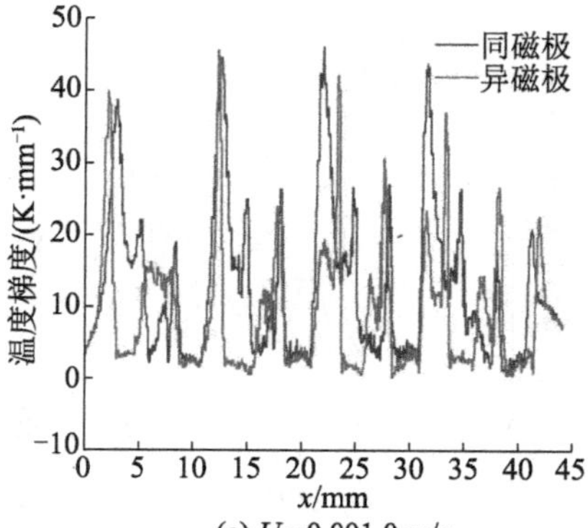

(a) U_0=0.001 0 m/s

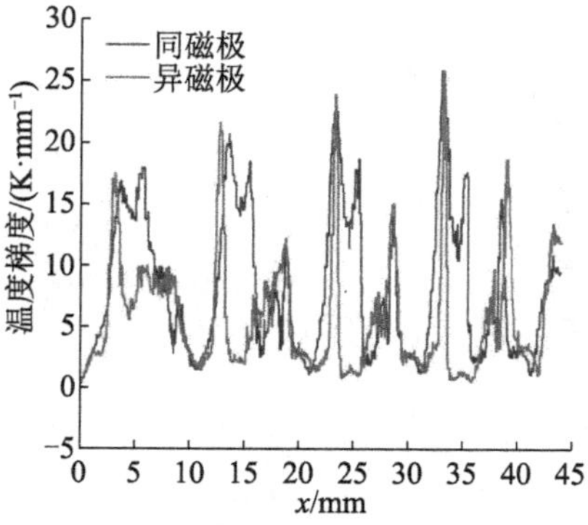

(b) U_0=0.002 0 m/s

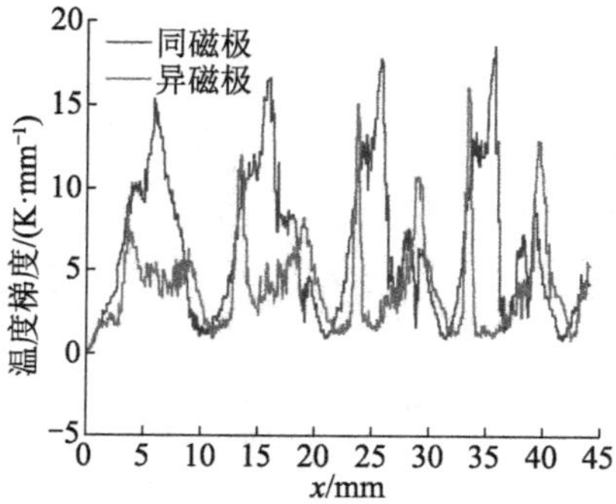

(c) U_0=0.003 0 m/s

图 5-30 交错磁场布置下不同入口流速时微通道内的温度梯度变化情况

5.4 不同磁场布置方式的综合热效率分析

5.4.1 努塞尔数对比分析

不同磁场布置下不同入口流速时微通道内 Nu 的变化情况如图 5-31 所示。由图 5-31 可知，随着入口流速的增大，各磁场布置模型的 Nu 均出现明显增大，三种磁场布置方式中对置磁场布置具有最大的努塞尔数，微通道内的换热情况最好，且随着流速的增大，其热效率水平与其他磁场排布相比明显提升，强化换热优势更加明显。交错磁场排布下，同磁极和异磁极条件并无明显差异。单侧上磁场布置时 *Nu* 在两种入口流速工况下均略高于单侧下磁场布置，且单侧磁场布置的情况与交错磁场布置的基本无明显差异。

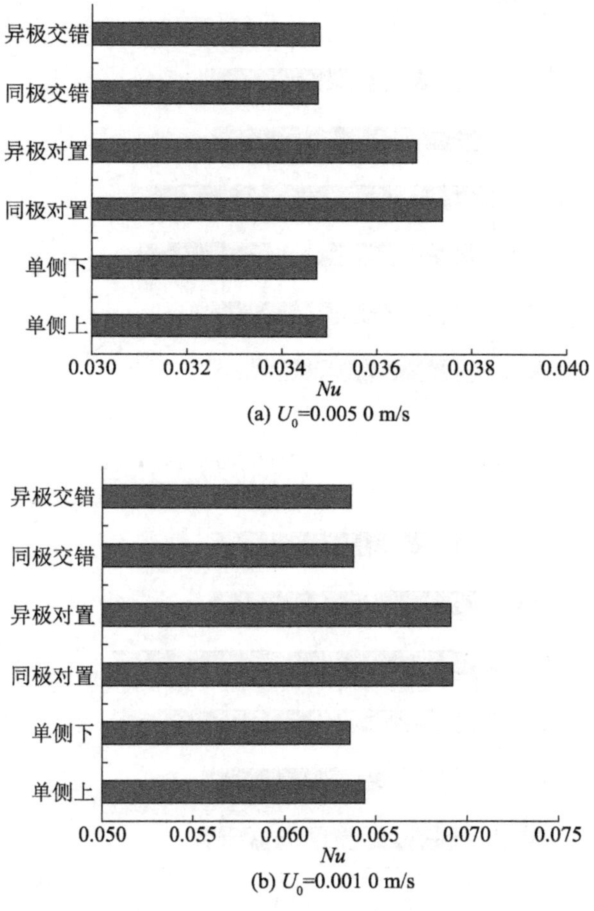

图 5-31　不同磁场布置下不同入口流速时微通道内努塞尔数的变化情况

5.4.2　传热系数对比分析

传热系数可表征稳定换热条件下单位时间内通过单位面积的热

量。不同磁场布置下的传热系数对比情况如图 5-32 所示。由图 5-32 可知,各模型工况下的传热系数分布规律与 Nu 十分相似,其中对置磁场布置下的传热系数最大。当 U_0 = 0.000 5 m/s 时,同极磁场布置下的传热系数最大。当 U_0 达到 0.001 m/s 时,同极磁场和异极磁场条件下其传热系数的分布规律几乎无差异。

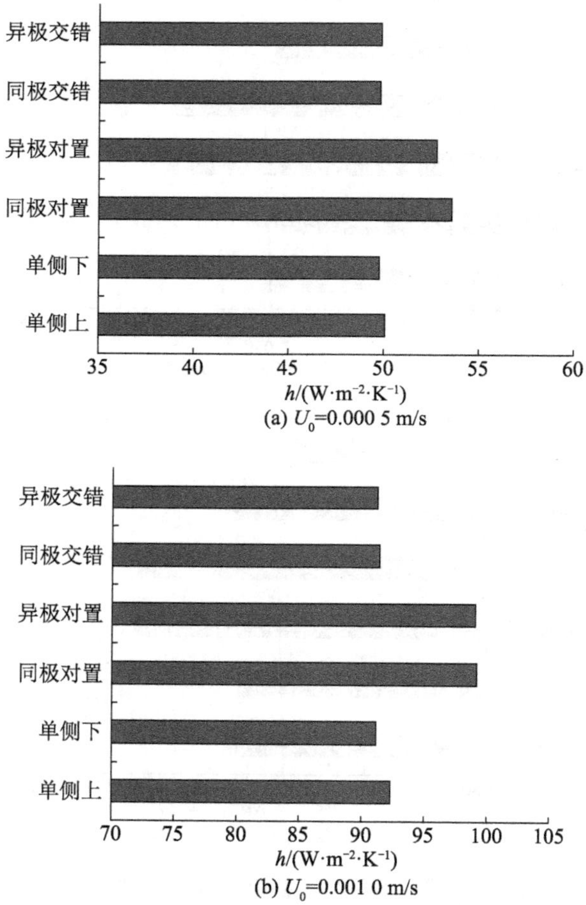

(a) U_0=0.000 5 m/s

(b) U_0=0.001 0 m/s

图 5-32　不同磁场布置下传热系数的变化情况

5.4.3　压降对比分析

本书中的压降指磁纳米流体在微通道中流动时，因克服内部摩擦和颗粒碰撞、磁场力等作用出现的能量损失而引起的压强减小。不同磁场布置下的压降变化情况如图 5-33 所示。由图 5-33 可知，对置磁场布置下压降最大，单侧磁场布置下压降水平最小。从三种模型对比来看，单侧下磁场、同极对置磁场和同极交错磁场具有更大的压降。综合上述热通量水平、努塞尔数和传热系数分析来看，压降越大，对应的热通量水平、努塞尔数和传热系数越大，传热能力更强。

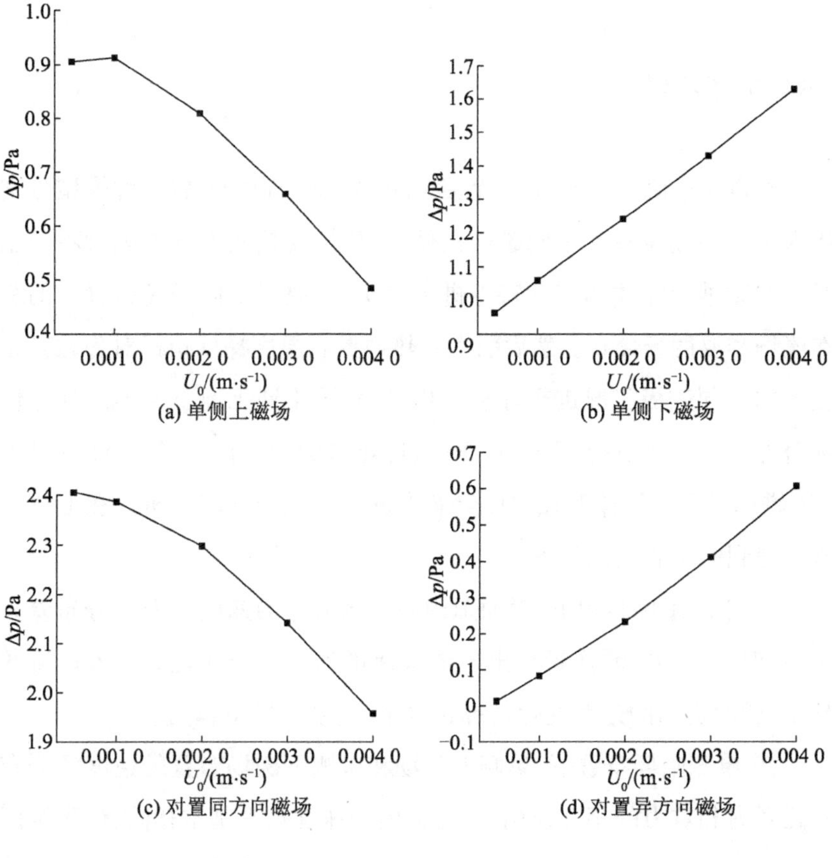

(a) 单侧上磁场　(b) 单侧下磁场

(c) 对置同方向磁场　(d) 对置异方向磁场

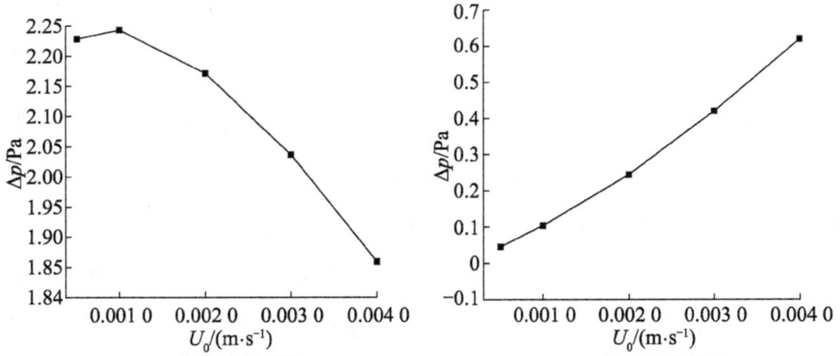

(e) 同极交错磁场　　(f) 异极交错磁场

图 5-33　不同磁场布置下压降的变化情况

5.5　本章小结

本章对单侧磁场布置、对置磁场布置、交错磁场布置三种模型分别代入上下磁场位置和不同磁极条件，在稳定换热条件下首先对不同工况下的磁纳米流体的流动特性进行分析，探究了不同磁场布置下的基本流场和温度场分布。然后引入总热通量和温度梯度指标对各磁场布置下的不同磁极工况进行评价分析，比较了不同工况下流体的强化传热潜力。最后通过努塞尔数（Nu）、传热系数（h）和压降（Δp）对以上6种磁场工况下流体的强化传热能力进行了综合比较分析。在上述分析中得到的主要结论如下：

① 不同磁场布置下，微通道内磁纳米流体的速度和温度分布差异明显，但在磁场区域两者均出现依次递增和局部迁跃现象。入口流速越小，微通道内的速度变化情况越复杂，温度水平也越高。

② 单侧磁场布置下，单侧上磁场和单侧下磁场布置的速度场分布受磁场力和重力的相互作用，微通道内的速度水平基本相同，但磁场区域的高速流态差异明显。相比而言，单侧下磁场排布的温度场分布情

况更加稳定，受入口流速变化很小。从热通量和温度梯度的变化来看，在本书研究模型中，当 U_0<0.001 0 m/s 时，单侧上磁场布置在表现出较高热通量的同时具有较低水平的温度梯度，换热性能更好；当 U_0>0.001 0 m/s 时，单侧磁场下布置则具有更好的换热性能。

③ 对置磁场布置下，微通道内同磁极条件下的速度波动更加剧烈，两极磁场条件达到的温度水平相同，但异极磁场条件下微通道内各磁场区域的热扰动现象更加明显，温度梯度边界明显，受入口流速的影响较小。综合总热通量和温度梯度的变化来看，同极磁场条件在具有较高热通量的同时保持低水平的温度梯度，微通道内的换热均匀性良好，具有更好的强化换热潜力。

④ 交错磁场布置下，异极磁场的速度水平略高于同极磁场，且其温度场分布在磁场区域表现出不均匀的团簇状，随着入口流速的增大逐渐变为带状，温度水平变化短促，表现出小范围高频率的迁跃。综合总热通量和温度梯度的变化来看，异极磁场在保证较高热通量的同时保持着较低的温度梯度，具有更好的换热潜力。

⑤ 通过努塞尔数（*Nu*）、传热系数（*h*）和压降（Δp）对各模型工况的对比分析，发现对置磁场布置下的换热性能最好，当 U_0<0.001 0 m/s 时，同极对置磁场布置的表现最好，单侧磁场和交错磁场布置下的换热性能基本相同。

第 5 章部分彩图

第 6 章　结论与展望

6.1　结论

本书研究了微通道模型中磁纳米流体的强化传热特性，发现在磁纳米流体的基础上，应用不同磁场条件产生的磁场力可以对微通道内磁纳米流体的速度场流态和温度场水平、温度梯度边界的整体分布情况产生不同影响。相比于单一流体介质工况，磁场与磁纳米流体的耦合可以在微通道内明显改善换热情况。本书以 Fe_3O_4-H_2O 为主要的磁纳米流体介质，探究了不同传热环境和磁场模型条件下的强化传热特性，可为微电子器件、微换热器领域的对流传热以及微流控领域的应用提供参考。本书的主要研究内容及结论如下：

① 在磁纳米流体研究现状方面，从纳米流体出发，结合国内外研究现状讨论了传统纳米流体的基本性质，进一步综述了无磁场和有磁场条件下的磁纳米流体的研究进展，从试验研究和数值计算两方面对磁场条件下的磁纳米流体强化传热特性进行了表述。综合来看，当前对于磁场条件下磁纳米流体在微通道内的传热特性方面的研究较少，缺乏对不同影响因素及理论模型的分析。

② 对磁纳米流体的传热机理进行分析，构建了物理模型，对所涉及的数值计算方法和部分计算步骤进行了简单描述，为后续的验证和分析计算奠定了基础。

③ 通过网格无关性验证、公式数值验证和试验稳态、瞬态验证，保

证了数值计算的准确性和可靠性，并对基流体、磁纳米流体和加入磁场后的磁纳米流体的传热特性进行了分析，发现加入磁场后的磁纳米流体强化传热效果最好，磁场对微通道内的磁纳米流体具有十分显著的影响作用。

④ 对单磁场条件下微通道稳态模型的不同影响因素进行分析，比较了不同磁场位置、磁场强度、体积分数条件下的流动传热特性，发现上述影响因素主要通过影响磁场力对磁纳米流体的作用位置和作用强度产生不同的强化传热效果。在瞬态计算中，发现磁纳米流体在磁场区域迂回扩散的流场特性，磁场区域的热通量变化可达到无磁场区域的数十倍。

⑤ 为进一步探究磁场对磁纳米流体在实际应用中的优化方案，对单侧磁场布置、对置磁场布置、交错磁场布置三种模型分别代入上下磁场位置和不同磁极条件，在稳定换热条件下首先对不同工况的流热状态进行分析，随后评估各模型工况的传热性能，发现在多磁场条件下，微通道内的速度和温度水平在磁场区域均出现依次递增和局部迁跃现象，在所有模型工况中同极对置磁场表现最好。单侧磁场布置和交错磁场布置下磁纳米流体的传热特性基本相同。

6.2　展望

本书在微通道背景下，对磁场条件下磁纳米流体的传热特性进行了综合分析，并进一步深入探究了不同多磁场模型在流场、温度场的传热效率，得到了本书计算背景下的最优方案，为后续微通道结构及设备的强化传热研究提供一定的参考。但本研究还有一些不足，还有待进一步完善：

① 只研究了 Fe_3O_4-H_2O 这一种磁纳米流体介质的工况，后续可

对比分析乙醇等基流体和其他磁纳米颗粒配比的情况。

② 由于研究的时间较短,本书只分析了不同磁场布置和不同磁极的磁场形式,后续可对不同形式耦合的磁场进行深入分析。

③ 由于研究条件有限,试验中使用的仪器精密性有待提高,后续可采用精密的仪器对微通道内磁场作用下磁纳米流体的传热情况进行监测分析,以发现更多的规律,掌握更详尽的流动传热特性。

参考文献

[1] DU J Y, WANG R J, ZHUO Q Y, et al. Heat transfer enhancement of Fe_3O_4-water nanofluid by the thermo-magnetic convection and thermophorestic effect[J]. International Journal of Energy Research, 2022, 46(7): 9521-9532.

[2] IM Y, DIETZ C, LEE S S, et al. Flower-like CuO nanostructures for enhanced boiling[J]. Nanoscale and Microscale Thermophysical Engineering, 2012, 16(3): 145-153.

[3] TAM H K, TAM L M, GHAJAR A J, et al. Experimental investigation of heat transfer, friction factor, and optimal fin geometries for the internally microfin tubes in the transition and turbulent regions [J]. Journal of Enhanced Heat Transfer, 2012, 19(5): 457-476.

[4] CHERIEF W, AVENAS Y, FERROUILLAT S, et al. Parameters affecting forced convection enhancement in ferrofluid cooling systems [J]. Applied Thermal Engineering, 2017, 123: 156-166.

[5] CHOL S U S, EASTMAN J A. Enhancing thermal conductivity of fluids with nanoparticles[C]. International mechanical engineering congress and exhibition, San Francisco, CA(United States), 1995.

[6] HAGHIGHI E B, NIKKAM N, SALEEMI M, et al. Shelf stability of nanofluids and its effect on thermal conductivity and viscosity[J]. Measurement Science and Technology, 2013, 24(10): 105301.

[7] BIANCO V, MANCA O, NARDINI S. Performance analysis of tur-

bulent convection heat transfer of Al_2O_3 water-nanofluid in circular tubes at constant wall temperature [J]. Energy, 2014, 77: 403-413.

[8] TANTRA R, SCHULZE P, QUINCEY P. Effect of nanoparticle concentration on zeta-potential measurement results and reproducibility [J]. Particuology, 2010, 8(3): 279-285.

[9] KAKAÇ S, PRAMUANJAROENKIJ A. Single-phase and two-phase treatments of convective heat transfer enhancement with nanofluids-A state-of-the-art review [J]. International Journal of Thermal Sciences, 2016, 100: 75-97.

[10] WITHARANA S, CHEN H S, DING Y L. Stability of nanofluids in quiescent and shear flow fields [J]. Nanoscale Research Letters, 2011, 6(1): 231.

[11] YANG L, DU K, NIU X F, et al. An experimental and theoretical study of the influence of surfactant on the preparation and stability of ammonia-water nanofluids [J]. International Journal of Refrigeration, 2011, 34(8): 1741-1748.

[12] MUNKHBAYAR B, TANSHEN M R, JEOUN J, et al. Surfactant-free dispersion of silver nanoparticles into MWCNT-aqueous nanofluids prepared by one-step technique and their thermal characteristics [J]. Ceramics International, 2013, 39(6): 6415-6425.

[13] SINGH A K, RAYKAR V S. Microwave synthesis of silver nanofluids with polyvinylpyrrolidone (PVP) and their transport properties [J]. Colloid and Polymer Science, 2008, 286(14): 1667-1673.

[14] JAMAL-ABAD M T, ZAMZAMIAN A, DEHGHAN M. Experimental studies on the heat transfer and pressure drop characteristics of Cu-

water and Al-water nanofluids in a spiral coil[J]. Experimental Thermal and Fluid Science, 2013, 47: 206-212.

[15] WITHARANA S, HODGES C, XU D, et al. Aggregation and settling in aqueous polydisperse alumina nanoparticle suspensions[J]. Journal of Nanoparticle Research, 2012, 14(5): 851.

[16] WITHARANA S, PALABIYIK I, MUSINA Z, et al. Stability of glycol nanofluids: the theory and experiment[J]. Powder Technology, 2013, 239: 72-77.

[17] SARKAR S, GANGULY S, DALAL A, et al. Mixed convective flow stability of nanofluids past a square cylinder by dynamic mode decomposition[J]. International Journal of Heat and Fluid Flow, 2013, 44: 624-634.

[18] GHADIMI A, SAIDUR R, METSELAAR H S C. A review of nanofluid stability properties andcharacterization in stationary conditions[J]. International Journal of Heat and Mass Transfer, 2011, 54(17-18): 4051-4068.

[19] KAKAC S, YENER Y, PRAMUANJAROENKIJ A. Convective heat transfer[M]. Boca Raton: CRC Press, 2013.

[20] SUNDAR L S, SHARMA K V, NAIK M T, et al. Empirical and theoretical correlations on viscosity of nanofluids: a review[J]. Renewable and Sustainable Energy Reviews, 2013, 25: 670-686.

[21] SUNDAR L S, SINGH M K, BIDKIN I, et al. Experimental investigations in heat transfer and friction factor of magnetic Ni nanofluid flowing in a tube[J]. International Journal of Heat and Mass Transfer, 2014, 70: 224-234.

[22] SALEH R, PUTRA N, WIBOWO R E, et al. Titanium dioxide

nanofluids for heat transfer applications[J]. Experimental Thermal and Fluid Science, 2014, 52: 19-29.

[23] AZMI W H, SHARMA K V, SARMA P K, et al. Experimental determination of turbulent forced convection heat transfer and friction factor with SiO_2 nanofluid[J]. Experimental Thermal and Fluid Science, 2013, 51: 103-111.

[24] MAHIAN O, KIANIFAR A, HERIS S Z, at al. Natural convection of silica nanofluids in square and triangular enclosures: theoretical and experimental study[J]. International Journal of Heat and Mass Transfer, 2016, 99: 792-804.

[25] MORAVEJI M K, DARABI M, HADDAD S M H, et al. Modeling of convective heat transfer of a nanofluid in the developing region of tube flow with computational fluid dynamics[J]. International Communications in Heat and Mass Transfer, 2011, 38(9): 1291-1295.

[26] KALTEH M, ABBASSI A, SAFFAR-AVVAL M, et al. Eulerian-Eulerian two-phase numerical simulation of nanofluid laminar forced convection in a microchannel[J]. International Journal of Heat and Fluid Flow, 2011, 32(1): 107-116.

[27] HUSSEIN A M, BAKAR R A, KADIRGAMA K, et al. Heat transfer enhancement using nanofluids in an automotive cooling system [J]. International Communications in Heat and Mass Transfer, 2014, 53: 195-202.

[28] KEBLINSKI P, PHILLPOT S R, CHOI S U S, et al. Mechanisms of heat flow in suspensions of nano-sized particles (nanofluids) [J]. International Journal of Heat and Mass Transfer, 2002, 45(4): 855-863.

[29] WEN D S, DING Y L. Experimental investigation into convective heat transfer of nanofluids at the entrance region under laminar flow conditions[J]. International Journal of Heat and Mass Transfer, 2004, 47(24): 5181-5188.

[30] HWANG K S, JANG S P, CHOI S U S. Flow and convective heat transfer characteristics of water-based Al_2O_3 nanofluids in fully developed laminar flow regime[J]. International Journal of Heat and Mass Transfer, 2009, 52(1-2): 193-199.

[31] BAHIRAEI M, HOSSEINALIPOUR S M. Particle migration in nanofluids considering thermophoresis and its effect on convective heat transfer[J]. Thermochimica Acta, 2013, 574: 47-54.

[32] SOHN C H, KIHM K D. Nonhomogenous modeling of nanofluidic energy transport accounting for the thermophoretic migration of nanoparticles inside laminar pipe flows[J]. Journal of the Korean Physical Society, 2009, 55(5): 2200-2208.

[33] HADDAD Z, ABU-NADA E, OZTOP H F, et al. Natural convection in nanofluids: are the thermophoresis and Brownian motion effects significant in nanofluidheat transfer enhancement? [J]. International Journal of Thermal Sciences, 2012, 57: 152-162.

[34] LIN M, ZHANG D S, HUANG J X, et al. The anti-hepatoma effect of nanosized Mn-Zn ferrite magnetic fluid hyperthermia associated with radiationin vitroandin vivo [J]. Nanotechnology, 2013, 24(25): 255101.

[35] MIASKOWSKI A, SAWICKI B. Magnetic fluid hyperthermia modeling based on phantom measurements and realistic breast model[J]. IEEE Transactions on Biomedical Engineering, 2013, 60 (7):

1806–1813.

[36] LEE Y W, CHANG T L. Novel perturbations between magnetic nanofluid and the thermal fluidic system at heat dissipation[J]. Microelectronic Engineering, 2013, 111: 58–63.

[37] MOUSAVI S M, FARHADI M, SEDIGHI K. A computational study of biomagnetic fluid flow in a channel in the presenceof obstacles under the influence of the magnetic field generated by a wire carrying electric current[J]. European Journal of Computational Mechanics, 2018, 27(4): 302–321.

[38] MOUSAVI S M, DARZI A A R, AKBARI O A, et al. Numerical study of biomagnetic fluid flow in a duct with a constriction affected by a magnetic field[J]. Journal of Magnetism and Magnetic Materials, 2019, 473: 42–50.

[39] JAWDAT J M, MOMANI S, HASHIM I. Inhibition or enhancement of chaotic convection via inclined magnetic field[J]. Applied Mathematical Modelling, 2014, 38(11–12): 2996–3002.

[40] MOUSAVI S M, BIGLARIAN M, DARZI A A R, et al. Heat transfer enhancement of ferrofluid flow within a wavy channel by applying a non-uniform magnetic field[J]. Journal of Thermal Analysis and Calorimetry, 2020, 139(5): 3331–3343.

[41] ABARESHI M, GOHARSHADI E K, ZEBARJAD S M, et al. Fabrication, characterization and measurement of thermal conductivity of Fe_3O_4 nanofluids[J]. Journal of Magnetism and Magnetic Materials, 2010, 322(24): 3895–3901.

[42] LI Q, XUAN Y M, WANG J. Experimental investigations on transport properties of magnetic fluids[J]. Experimental Thermal and

Fluid Science, 2005, 30(2): 109-116.

[43] YU W, XIE H Q, CHEN L F, et al. Enhancement of thermal conductivity of kerosene-based Fe_3O_4 nanofluids prepared via phase-transfer method[J]. Colloids and Surfaces A: Physicochemical and Engineering Aspects, 2010, 355(1-3): 109-113.

[44] PHILIP J, SHIMA P D, RAJ B. Enhancement of thermal conductivity in magnetite based nanofluid due to chainlike structures[J]. Applied Physics Letters, 2007, 91(20): 203108.

[45] HONG T K, YANG H S, CHOI C J. Study of the enhanced thermal conductivity of Fe nanofluids[J]. Journal of Applied Physics, 2005, 97(6):064311.

[46] LAJVARDI M, MOGHIMI-RAD J, HADI I, et al. Experimental investigation for enhanced ferrofluid heat transfer under magnetic field effect[J]. Journal of Magnetism and Magnetic Materials, 2010, 322(21): 3508-3513.

[47] AZIZIAN R, DOROODCHI E, MCKRELL T, et al. Effect of magnetic field on laminar convective heat transfer of magnetite nanofluids [J]. International Journal of Heat and Mass Transfer, 2014, 68: 94-109.

[48] LI Q, XUAN Y M. Experimental investigation on heat transfer characteristics of magnetic fluid flow around a fine wire under the influence of an external magnetic field[J]. Experimental Thermal and Fluid Science, 2009, 33(4): 591-596.

[49] GOHARKHAH M, ASHJAEE M, SHAHABADI M. Experimental investigation on convective heat transfer and hydrodynamic characteristics of magnetite nanofluid under the influence of an alternating

magnetic field[J]. International Journal of Thermal Sciences, 2016, 99: 113-124.

[50] MOTOZAWA M, CHANG J, SAWADA T, et al. Effect of magnetic field on heat transfer in rectangular duct flow of a magnetic fluid[J]. Physics Procedia, 2010, 9: 190-193.

[51] PAREKH K, LEE H S. Experimental investigation of thermal conductivity of magnetic nanofluids[C]. Solid State Physics: Proceedings of the 56th DAE Solid State Physics Symposium, 19-23 December 2011, SRM University, Kattankulathur, Tamilnadu, India.

[52] GAVILI A, ZABIHI F, ISFAHANI T D, et al. The thermal conductivity of water base ferrofluids under magnetic field[J]. Experimental Thermal and Fluid Science, 2012, 41: 94-98.

[53] PAREKH K, LEE H S. Magnetic field induced enhancement in thermal conductivity of magnetite nanofluid[J]. Journal of Applied Physics, 2010, 107(9): 09A310.

[54] GHOFRANI A, DIBAEI M H, HAKIM S A, et al. Experimental investigation on laminar forced convection heat transfer of ferrofluids under an alternating magnetic field[J]. Experimental Thermal and Fluid Science, 2013, 49: 193-200.

[55] JAHANI K, MOHAMMADI M, S M B, et al. Promising technology for electronic cooling: nanofluidic micro pulsating heat pipes[J]. Journal of Electronic Packaging, 2013, 135(2): 021005.

[56] LEE T, LEE J H, JEONG Y H. Flow boiling critical heat flux characteristics of magnetic nanofluid at atmospheric pressure and low mass flux conditions[J]. International Journal of Heat and Mass Transfer, 2013, 56(1/2): 101-106.

[57] LIU J H, GU J M, LIAN Z W, et al. Experiments and mechanism analysis of pool boiling heat transfer enhancement with water-based magnetic fluid[J]. Heat and Mass Transfer, 2004, 41(2): 170-175.

[58] BAHIRAEI M, HANGI M. Investigating the efficacy of magnetic nanofluid as a coolant in double-pipe heat exchanger in the presence of magnetic field[J]. Energy Conversion and Management, 2013, 76: 1125-1133.

[59] KRAKOV M S, NIKIFOROV I V. To the influence of uniform magnetic field on thermomagnetic convection in square cavity[J]. Journal of Magnetism and Magnetic Materials, 2002, 252: 209-211.

[60] XUAN Y M, LI Q A, YE M. Investigations of convective heat transfer in ferrofluid microflows using lattice-Boltzmann approach[J]. International Journal of Thermal Sciences, 2007, 46(2): 105-111.

[61] GANGULY R, SEN S, PURI I K. Heat transfer augmentation using a magnetic fluid under the influence of a line dipole[J]. Journal of Magnetism and Magnetic Materials, 2004, 271(1): 63-73.

[62] AMINFAR H, MOHAMMADPOURFARD M, MOHSENI F. Two-phase mixture model simulation of the hydro-thermal behavior of an electrical conductive ferrofluid in the presence of magnetic fields [J]. Journal of Magnetism and Magnetic Materials, 2012, 324(5): 830-842.

[63] SONG K W, TAGAWA T. Thermomagnetic convection of oxygen in a square enclosure under non-uniform magnetic field[J]. International Journal of Thermal Sciences, 2018, 125: 52-65.

[64] AMINFAR H, MOHAMMADPOURFARD M, AHANGAR Z S. Nu-

merical study of the ferrofluid flow and heat transfer through a rectangular duct in the presence of a non-uniform transverse magnetic field [J]. Journal of Magnetism and Magnetic Materials, 2013, 327: 31-42.

[65] AMINFAR H, MOHAMMADPOURFARD M, NARMANI K Y. A 3D numerical simulation of mixed convection of a magnetic nanofluid in the presence of non-uniform magnetic field ina vertical tube using two phase mixture model[J]. Journal of Magnetism and Magnetic Materials, 2011, 323(15): 1963-1972.

[66] DU J Y, WANG R J, ZHUO Q Y, et al. Heat transfer enhancement of Fe_3O_4-water nanofluid by the thermo-magnetic convection and thermophorestic effect[J]. International Journal of Energy Research, 2022, 46(7): 9521-9532.

[67] NKURIKIYIMFURA I, WANG Y M, PAN Z D. Effect of chain-like magnetite nanoparticle aggregates on thermal conductivity of magnetic nanofluid in magnetic field[J]. Experimental Thermal and Fluid Science, 2013, 44: 607-612.

[68] 周陆军. 磁流体流动及能量传递特性的多尺度研究[D]. 南京: 南京理工大学, 2010.

[69] 沙丽丽. 磁场作用下 Fe_3O_4/水纳米流体的对流换热实验研究[D]. 上海: 上海交通大学, 2018.

[70] PAK B C, CHO Y I. Hydrodynamic and heat transfer study of dispersed fluids with submicron metallic oxide particles[J]. Experimental Heat Transfer, 1998, 11(2): 151-170.

[71] MAXWELL J C. A Treatise on electricity and magnetism[M]. Oxford, UK: Clarendon Press, 1873.

[72] SHEIKHOLESLAMI M, ROKNI H B. Simulation of nanofluid heat transfer in presence of magnetic field: a review[J]. International Journal of Heat and Mass Transfer, 2017, 115: 1203-1233.
[73] 袁魏佳. 外加磁场对微通道内纳米流体传热的影响[D]. 杭州: 杭州电子科技大学, 2021.
[74] 李国龙. 磁场对磁性纳米流体对流换热的影响[D]. 天津:河北工业大学, 2020.
[75] 常强. 碳纳米管纳米流体传热特性实验研究[D]. 青岛: 青岛科技大学, 2015.